乡村居住环境改造与规划设计研究

张 洋◎著

吉林出版集团股份有限公司

图书在版编目（CIP）数据

乡村居住环境改造与规划设计研究 / 张洋著． — 长春：吉林出版集团股份有限公司，2022.9
ISBN 978-7-5731-2340-4

Ⅰ．①乡… Ⅱ．①张… Ⅲ．①农村－居住环境－环境设计－研究－中国 Ⅳ．①X21

中国版本图书馆 CIP 数据核字 (2022) 第 179397 号

乡村居住环境改造与规划设计研究

著　　者	张　洋
责任编辑	白聪响
封面设计	林　吉
开　　本	787mm×1092mm　　1/16
字　　数	230 千
印　　张	10.25
版　　次	2022 年 9 月第 1 版
印　　次	2022 年 9 月第 1 次印刷
出版发行	吉林出版集团股份有限公司
电　　话	总编办：010-63109269
	发行部：010-63109269
印　　刷	廊坊市广阳区九洲印刷厂

ISBN 978-7-5731-2340-4　　　　　　　　　　定价：78.00 元

前　言

在新时代发展的语境下，我国乡村建设取得了举世瞩目的成绩，然而与城市建设相比，依然处于相对落后的阶段。当前，在中共十八大提出的"美丽中国建设"及十九大提出的"乡村振兴战略"指引下，美丽乡村成为乡村建设的重要方向之一。美丽乡村内涵丰富，不仅要求农村的外在和客观层面美丽，还对人居环境、文明风尚、乡村生态、经济收入等内在层面有具体的要求，其本质是人与自然、人与经济、人与社会和谐平衡发展，是发展的一种新势态、新理念，是美丽中国建设的前提和基础，乡村振兴的重要环节。

在美丽乡村建设过程中，地理地貌、区位条件、自然资源、文化底蕴、农民的积极主动性及机遇等因素扮演着重要的角色。而这美丽乡村建设的成功，除了显著的区位优势、丰富的自然资源、城镇化快速发展所带来的市场机遇，更重要的还是以当地政府为主导的推动引导作用和财政支持力度，以及在当地较高经济发展水平带动下农民对保护生态环境意识的增强，或者说是农民在解决温饱问题后对生产生活质量要求的提高。这些要具备多项非一般情况下的成功模式在不同条件地区是很难完全复制的，这也就决定了未来我国在生态文明建设道路上的多样性、复杂性和创新性。

本书对乡村居住环境改造与规划设计进行了探讨，首先概述了乡村生态环境以及乡村居住环境保护问题，然后分析了乡村居住环境污染和处理、生态型美丽乡村规划设计要点，之后重点探讨了艺术社会化与乡村环境建设、乡村环境艺术与审美趣味、中国传统文化与乡村环境艺术设计及乡村环境艺术与乡村归属感的营建，最后在美丽乡村环境公共空间规划设计方面做了重要的讲解。

由于编者水平有限，书中难免有不妥之处，敬请广大读者提出宝贵意见。另外，本书在写作和修改过程中，查阅和引用了书籍及期刊等相关资料，在此谨向本书所引用资料的作者表示诚挚的感谢。

目录

第一章　乡村生态环境 ··· 1

第一节　乡村生态环境的特征 ····································· 1

第二节　新时代美丽乡村环境建设 ······················· 5

第三节　美丽乡村环境治理中的公众参与 ·········· 8

第二章　乡村居住环境保护问题 ······················· 14

第一节　乡村居住环境与环境问题 ····················· 14

第二节　我国乡村居住环境现状及问题 ·············· 17

第三节　我国乡村居住环境保护工作的发展历程 ·········· 22

第四节　美丽乡村建设与环境保护的思考 ·········· 25

第三章　乡村居住环境污染和处理 ··················· 29

第一节　乡村大气污染环境问题 ························· 29

第二节　乡村水资源环境问题 ····························· 37

第三节　乡村生活污水的处理和利用 ·················· 47

第四节　乡村固体废物的处理与处置 ·················· 64

第五节　乡村居住环境保护的对策措施 ·············· 78

第四章　生态型美丽乡村规划设计要点 ·········· 83

第一节　美丽乡村整体规划设计 ························· 83

第二节　美丽乡村居住空间设计 ························· 86

第三节　彰显乡村的传统文化 ····························· 90

第四节　凸显乡村的生态特色 ····························· 93

第五节　美丽乡村建设模式的特点及选择 ·········· 94

第五章　艺术社会化与乡村环境建设 ·············· 101

第一节　艺术社会化趋势 ……………………………………………… 101

第二节　艺术介入农村空间 …………………………………………… 102

第三节　乡村环境艺术 ………………………………………………… 103

第四节　乡村环境建设的要点 ………………………………………… 105

第六章　乡村环境艺术与审美趣味 ……………………………………… 107

第一节　乡村审美情趣 ………………………………………………… 107

第二节　农民的审美需要 ……………………………………………… 108

第三节　新艺术介入乡村的可行性 …………………………………… 110

第四节　农民对新艺术的认知 ………………………………………… 111

第七章　中国传统文化与乡村环境艺术设计 …………………………… 113

第一节　中国传统文化对乡村环境艺术设计的影响 ………………… 113

第二节　加强中国传统文化在环境艺术设计中的融合 ……………… 114

第八章　乡村环境艺术与乡村归属感的营建 …………………………… 116

第一节　环境艺术与乡村归属感 ……………………………………… 116

第二节　具有归属感的环境改造 ……………………………………… 120

第三节　乡村归属感与场所精神 ……………………………………… 123

第四节　诗意的乡村环境 ……………………………………………… 130

第九章　美丽乡村环境公共空间规划设计 ……………………………… 133

第一节　美丽乡村环境公共空间规划设计要求 ……………………… 133

第二节　美丽村居建设下农村社区公共空间景观设计 ……………… 136

第三节　传统村落公共空间的特征对美丽乡村建设的启示 ………… 142

第四节　城中村公共空间景观规划设计策略 ………………………… 147

参考文献 ……………………………………………………………………… 153

第一章　乡村生态环境

第一节　乡村生态环境的特征

一、生态型美丽乡村的自然性

美丽乡村建设的活动已经发展了很多年，虽然取得了一定的成绩，但在生态规划设计方面还存在很多不足，不能满足相关要求。因此，在美丽乡村建设的过程中，一定要根据当地发展的实际情况，做出合理的生态规划设计，这对美丽乡村的可持续发展具有重要意义。

图 1-1　美丽乡村

生态型美丽乡村的建设是时代发展的要求，属于现代化建设模式，具有综合、全面的特征，要求我们必须严格贯彻可持续发展的设计理念，实现优化乡村生态环境，提高农村居民生活质量，建设美丽乡村的目标。根据中央一号文件中提出的"努力建设美丽乡村"重要战略布局，在落实贯彻过程中，一定要科学合理地定位美丽乡村建设，借鉴、学习一些建设成功的生态型美丽乡村，如新疆新源县肖尔布拉克镇，努力打造生态型的美丽乡村。

图1-2 新疆新源县肖尔布拉克镇

图1-3 新疆新源县肖尔布拉克镇

乡村生态环境与城市的生态环境有很大差别,城市以人居为核心,而乡村还 与自然生态进行了融合。通过对大多数乡村的生态系统进行分析,可以发现其模式都是以自然为核心,即农业生态系统为主,人居生态系统处于辅助地位。

图 1-4　农业生态系统

图 1-5　人居生态系统

二、生态型美丽乡村景观的多样性

（一）自然景观

在乡村生态系统中主要自然景观就是山体、农业、果园、林地、草地、水系等。乡村景观的多样性主要是从乡村景观的自然属性及人类的生产生活活动对土地利用与自然景观格局带来的变化这两个方面体现出来的。

图1-6　自然景观

（二）人文景观

乡村的人文景观主要是人类长期进行的生产生活活动与自然环境之间相互作用形成的产物。其中，有形的人文景观主要有建筑、街道、场地、生产性作物等；而无形的人文景观则是风俗习惯、宗教信仰、生产关系等。

图1-7　人文景观

三、美丽乡村生态的易塑性

大多数乡村建设都没有强制性的约束制度，其生态环境会随着人为活动的影响而出现变化。由于乡村自身的自然景观非常多样化，通过科学合理的措施，就可以使乡村的生态系统快速修复，其生态易塑性非常强。

图 1-8　乡村自身的自然景观

第二节　新时代美丽乡村环境建设

想要最终实现美丽中国的建设目标，必须要将美丽乡村环境相关的建设工作做好，这样才能给美丽中国的建设奠定良好的前提和基础。进行美丽乡村环境的建设，不仅能够推动我国生态文明得到快速的发展，而且还能给人们营造一个良好的生活环境。从当前的实际发展情况来看，在进行美丽乡村环境建设过程中，仍然存在一些问题，这些问题的存在影响了我国美丽乡村环境建设的效率。因此必须有效解决现存的问题，不断缩短城乡之间的差距，更好地推动社会主义新农村建设。

一、新时代美丽乡村建设概述

近几年，新时代的美丽乡村建设项目逐渐出现在人们的视野中。什么是美丽乡村？简单来说就是指能够将经济、政治、文化、社会以及生态文明进行协调发展的乡村。在发展过程中，要根据实际情况对生产发展进行科学合理的规划，对乡村的环境进行治理，构建具有特色的乡风文明。

二、新时代美丽乡村环境建设存在的问题

（一）人们的环保意识较为薄弱

在进行美丽乡村环境建设的过程中，可以将农民看作主体。由于农民文化水平较低，因此绝大部分的农民都缺少环保意识。我国在传统的发展过程中一直都是采用粗放型的生产经营方式，由于经营模式较为落后，而且乡村地区的人们思想意识也较为传统。这就直接导致乡村地区的资源利用十分不合理，土壤污染问题频发，而且当出现一些污染问题以后，当地农民无法对问题进行有效的解决，时间一长就会形成恶性循环，给后期的环境建设带来难度。由此可见，在进行美丽乡村环境建设的过程中首先应该做的就是增强人们的环保意识。

（二）资金问题无法得到解决

任何项目的建设都需要以资金为前提和基础，美丽乡村环境建设本身就具有一定的复杂性，在具体的建设过程中涉及很多不同方面的建设内容，其中任何一个建设内容都会对最终的建设效果产生影响，因此需要保证每个环节的建设质量，而保证建设质量最为主要的方式就是投入足够的资金。但是由于当前的资金较为匮乏，直接导致无法高效地开展美丽乡村环境建设。绝大部分乡村地区的资本整合力度有限，因此无法对一些问题进行及时有效的解决，由于资金的限制，很难进一步推动美丽乡村环境的建设。

（三）环境保护机制不健全

完善的环境保护机制能够推动美丽乡村环境建设得到快速的发展，但从当前的实际发展情况来看，我国现有的环境保护机制非常不健全，保护机制的作用无法充分发挥出来。我国环境污染问题随着时间的推移日益严重，尤其是大气污染和水体污染。我国相关部门没有充分认识到流域性污染问题的严重性，没有设置专门的部门对相关问题进行解决，而且在对水资源进行开发的过程中，也没有制度做保障。这些问题都是环境保护机制不健全的体现，面对现存的一些问题，我国相关部门应该给予高度的重视，并且科学合理地对问题进行解决，综合实际发展情况构建完善的环境保护机制。

三、新时代美丽乡村环境建设的策略

（一）提高领导干部的综合素质

随着时代的不断发展，人们对生活质量有更高的要求，环境污染问题受到了人们高度的重视，良好的生态环境能够提高人们的生活质量，同理，恶劣的生态环境会严重影响人们的生活质量，而且还会在一定程度上影响人们的身体健康。

为了不断提高乡村地区居民的生活质量，应该推动美丽乡村环境的建设，为当地居民营造一个良好的生活氛围。为了促进美丽乡村环境得到更好的建设，首先要不断提高领导干部的综合素质能力，领导干部在进行美丽乡村建设过程中扮演着十分重要的角色，领导干部的自身素质和领导能力会直接影响美丽乡村环境建设的质量，因此领导干部应该进行积极的学习，掌握国家提出的一些方针和政策，对其他地区的乡村环境建设进行深入的分析和了解，可以充分借鉴一些成功案例，在借鉴过程中不能盲目照搬，要进行适当的选择。通过这样的方式设计出更符合本地生态环境发展的建设方案，从而更加高效地完成美丽乡村环境建设。在乡村地区可以定期开展一些广播宣传教育工作，教育的主要内容要围绕生态环境保护知识，这样能够增强人们的环保意识。

（二）推动生态文明和工程建设

在推动生态文明和工程建设的过程中，要秉承因地制宜的原则。在前期充分考察当地的实际发展情况，结合实际情况对生态文明和工程建设方案进行设计，这样才能保证生态文明和工程建设的质量。在建设过程中，要始终将生态建设放在首位，处理好农业、林业、牧业三者之间的关系。在进行退耕还林的过程中，要始终贯彻绿色理念，发展符合当地生态环境的生态林。除了要重视生态文明的建设，还要注重工程建设，在进行工程建设过程中要注重乡村地区的污水处理问题。对一些污染问题进行科学有效的解决，进而不断推进美丽乡村环境的快速建设。

（三）推动绿色生态经济发展

在新时代背景下，环保和经济应该并存，在进行美丽乡村环境建设的过程中，应该看到其中存在的商机。不断推动现代农业的快速发展，当现代农业得到快速发展以后，农民的经济收入能够得到提高，而经济收入直接关系到农民的生活质量。当农民的生活质量得到提高以后，则会更加积极地配合美丽乡村环境的建设工作，推动绿色生态经济的发展，能够有效减少污染问题，同时提高产品的质量。这样能够逐渐形成一个良性的发展模式，从而不断降低农业生产对环境造成的影响。

综上所述，美丽乡村环境的建设是一个复杂的建设过程，并不是一朝一夕就能够完成的，需要投入大量的时间和精力。在具体的建设过程中，乡村地区的领导干部要不断提高自身的综合素质能力，积极学习和借鉴一些成功案例，充分了解本地区的实际发展情况，推动生态文明建设和工程建设，大力发展绿色生态经济，提高乡村地区农民的经济收入。

第三节　美丽乡村环境治理中的公众参与

环境治理是一项全民参与的系统性工程。加强乡村环境治理中的公众参与有助于纠正"政府失灵"现象，并增强政府的合法性，有助于实现公民权和环境民主，有助于推进"美丽乡村"建设。然而，乡村环境治理中公众参与仍明显不足，具体表现为如下方面：法律法规体系不完善；政府自身定位不准确，职能转变不到位；地方环保NGO作用有限，公众参与渠道不畅通；公众参与意识薄弱，能力水平较低。为此，提出以下完善环境治理中的公众参与对策：完善相关法律法规体系；政府抓好自身定位，适当转变职能；培养地方环保NGO，拓展公众参与环保的路径；增强公众环保意识和能力。努力推进"美丽乡村"建设目标的实现。

党的十八大报告第一次提出了共建"美丽中国"的概念，强调必须树立尊重自然、顺应自然、保护自然的生态文明理念。随即在2013年中央一号文件中，第一次提出了要建设"美丽乡村"的奋斗目标，从而进一步加强农村生态建设、环境保护和综合整治工作。但是，我国农村建设在取得令人瞩目的成绩的同时，环境问题日益突出，形势依旧严峻，突出表现为面源污染加重、工业化污染加速、生态退化严重等，环境问题已成为农村经济社会和生态可持续发展的制约因素。[1] 基于环境资源的公共性特征，乡村环境治理作为一项综合性、系统性的工程，既需要政府部门履行环境管理职能，也不可缺少公众的积极有序参与。但现实中，公共参与在乡村环境治理方面仍存在诸多问题：法律法规体系不完善；政府自身定位不准确；公众参与渠道不畅通；公众参与意识薄弱等等。鉴于此，我们必须高度重视，采取适当措施，改善乡村环境公共参与问题，促进乡村环境经济可持续发展。

一、加强我国乡村环境治理中公众参与的必要性

（一）有助于纠正"政府失灵"现象并增强政府的合法性

在农村环境治理中，政府发挥着重要的主导性作用，但政府也不是万能的，政府在环境治理中存在着许多失灵的情况。首先，政府人员数量少且能力有限，面对日益

1　马永芬.农村环境治理与生态保护 [J].山西农业科学，2010，38（12）：47-49.

复杂和繁重的环境事务，没有一个个体行动者能够获得解决问题的全部信息和知识。针对众多的公共环境问题，政府在现实中常常由于信息的不完备而导致决策失误。而农村中的村民是与公共环境联系最密切的人，村民的积极参与和信息反馈有利于减少政府组织内部的决策错误。其次，政府官员与其他社会成员一样都有自身的利益倾向，他们往往内含着自利的动机，容易从自身的立场、观点出发，在决策中反映自己的价值观[2]。而公众的积极参与能对政府人员起到有效监督的积极作用，防止政府人员在决策和执行过程中以权谋私，进而提高政府形象的公信力，增强政府的合法性。总之，公众参与在一定程度上有利于纠正"政府失灵"现象，增强政府的合法性，推进公共治理目标的实现。

（二）有助于实现公民权和环境民主

在市场经济建立与完善过程中，社会利益格局高度分化，出现了不同的社会阶层和利益群体，各种利益主体为了争取更多的利益，其政治参与意识以及民主化的要求显著增加，它们要求参与同自身利益关系密切的公共政策，要求政务公开，并通过这些途径力争政府在公共政策制定中能够反映、兼顾他们的利益[3]。在农村经济体制下，公众参与的过程是村民在参与中不断学习和提高的过程。在这一过程中，村民的权利意识不断增强，参与环境事务的能力不断提高，会积极采取措施维护自己的环境权益，也为推动公民社会的发展创造了条件。因此，加强农村环境治理中的公众参与是体现村民利益诉求、促进公民社会发展的必要途径和具体表现。

（三）有助于推进"美丽乡村"建设

"美丽乡村"建设，是农村经济、政治、文化、社会、生态文明建设和党的建设有机结合、协调发展的统一体，是农村精神文明建设的龙头工程，其中农村的环境治理是农村生态文明建设的重要内容。我国农村环境问题的突出特点，如土壤污染、水源污染、工农业污染和生活污染等面源污染，以及环保行动的广泛性，急需在环境治理中加强公众参与。公众参与有利于决策内容的民主化和科学化，有利于增强村民的环保意识和环保使命感，继而促使村民积极主动防治污染，创造优美宜人的农村环境，只有这样才能加快农村现代化进程，提高农民生活质量，推动美丽乡村建设，提升社会主义新农村建设水平。

二、我国乡村环境治理中公众参与的困境

农村环境治理中的公众参与，是指在农村环境治理中，公众依据有关法律法规或

---

2 黄大熹，汪小峰．公共政策合法化过程中的公民参与必要性分析 [J]．求索，2007，（8）：54-56.

3 刘慧．农村环境治理"一主两翼"公众参与模式构想 [J]．资源·环境，2014，25（6）：6-8.

规章的规定，平等参与与其环境利益相关的一切活动⁴。目前，农村环境治理中公众参与明显不足，总体表现为被动参与状态。

（一）法律法规体系不完善

2003 年 9 月 1 日开始实施的《环境影响评价法》规定，政府机关要对可能造成不良环境影响并直接涉及公众环境权益的专项规划，应当在该规划审批前举行论证会、听证会等，征求有关单位、专家和公众对环境影响报告书的意见，明确了民众在参与公共决策的环境权益。在我国的环境立法过程中，也对公众参与做了一些规定，如《环境保护法》第 6 条规定："一切单位和个人都有保护环境的义务并有权对危害和破坏环境的单位和个人进行检举和控告。"2015 年 1 月 1 日新出台的《环境保护法》更是扩大了环境诉讼的主体范围，将民间力量有序地纳入环境治理的机制中。但不可否认，乡村环境治理中的公众参与在现行法制中仍存在诸多缺陷。

首先是农村环境治理法律政策的空白。我国一直以来实施的是重城市轻农村的二元化环境治理政策，目前实行的公众参与环境治理的法律法规体系也是针对城市区域发展制定的，并不能适应农村公众参与环境治理的需要，缺乏专门针对农村环境治理的特殊性而制定的法律法规。其次是相关法律法规过于原则和抽象，缺乏可操作性。虽然公众参与环境监督的权利在法律上得到肯定，但内容简单，缺乏具体的执行措施或制度，无可操作性。

（二）政府自身定位不准确，职能转变不到位

快速的社会转型导致经济发展与社会发展失衡，地方政府在乡村环境治理中角色失调。具体表现两个方面：一方面农村经济发展了，政府的执政水平和职业素质却并没有得到相应的提升，许多政府官员仍存在着一种根深蒂固的思想观念：政府是公共事务主体，居于支配地位，而公民是事务管理对象，处于被支配地位。各级政府尤其是县乡等基层政府依然将自己定位于计划经济体制下的"全能型政府"。另一方面，在社会转型时期，政府职能普遍出现了"缺位"与"越位"的现象。"权力越位"，即决策前无须征询公众建议或仅是象征性地听取公众意见，而做出决策时却未参考公众的良好建言。"权力缺位"，即需要政府发挥主导作用的领域，却总是不到场⁵。此外，地方政府中的决策者受发展观念的影响，基于理性主义的政府部门拥有自身利益最大化的动机和积极性，很容易为追求经济利益而无视对农村环境的破坏而引入一些污染项目，进而会损害村民利益，挫伤村民参与的积极性。在政府的管制下，公众参与乡村环境治理的意愿和热情会大大降低。

---

4 徐成 . 浅谈农村环境管理中的公众参与 [J]. 辽宁农业科学，2015，（2）：51-53.
5 唐建兵，武香利.美好乡村环境治理中的公众参与：以安徽乡村为例[J].皖西学院学报,2014,30(5）:116-120.

（三）地方环保 NGO 作用有限，公众参与渠道不畅通

我国公众可以通过政治性和社会性两大途径参与农村环境治理，但由于村民普遍文化素质不高，不愿触碰行政、司法等参与途径。环保 NGO 的出现则为公众参与农村环境治理提供了更为丰富的社会性参与途径。环保 NGO 作为政府组织职能的必要补充，在组织公众参与环保活动方面发挥着积极作用。然而现实中，农村环保 NGO 数量极少，且能发挥的作用十分有限。一方面，由于农村地域的局限性，环保 NGO 大多分布在城市，农村地区鲜少；受到地方政策局限性，组织的合法注册门槛高。2006 年《中国环保民间组织发展状况蓝皮书》统计，我国存在的环保 NGO 有 2768 家，其中政府部门发起成立的民间组织占 49.19%，民间自发组成的占 7.12%，学生环保社团及其联合体占 40.13%，我国港澳台地区及国际环保民间组织驻大陆机构 21.6%。从数据来看，草根环保 NGO 数量极度缺乏。另一方面，农村可提供的资源有限，地域内的环保 NGO 基本上都依赖于县乡等基层政府的资金、政策等方面的扶持，这也就决定了县乡等基层环保 NGO 开展的环保实践活动将主要是在当地政府的领导或指导下进行，这样的环保行动难免增添上官方性的色彩，而草根性和群众性特征不足，在民众中的公信力也将受到影响，继而所产生的动员公众参与的有效性也大大降低。

（四）公众参与意识薄弱，能力水平较低

城市"重经济，轻环境"的发展理念和观念意识正不断灌输到农村地区。现实中有不少农民为了提高农业生产的效益或者追求更高的收益，忽视乃至漠视对环境的污染和破坏行为。此外，农民不仅应该是公共环境的消费者，还应该成为公共环境政策的制定者和执行者，但由于受农村的文化传统影响以及公民社会发育的不完善，村民对公共环境漠不关心的现象较为普遍，参与环境治理意识薄弱。最后，由于对自身拥有的环境权利无知，无法明确感知自身权利受到侵犯；等到环境危害产生，又由于文化水平及法制观念的不足和环保知识的缺乏，不善于利用参与权，难以及时做出应对，无法采取正确和理性的行为，参与环境治理的能力水平较低。而且农村的环境基础设施相对落后，生活卫生条件比较差，村民在环境治理的问题上很难形成一定规模的参与状态。

三、完善美丽乡村环境治理中的公众参与对策

（一）完善相关法律法规体系

针对目前公众参与农村环境治理法律法规的不足，一方面，我国应尽快在宪法和环境基本法中把公民的环境权确立为公民的基本权利。另外，要出台针对性的法律法规明确赋予公众参与农村环保的权利和权益，并对环境信息公开化、环境决策民主化、

环境公益诉讼加以规定。另一方面，我国还应建立并完善与公众参与农村环境治理相关的各项配套法律。为实现村民的环境知情权，保障村民的过程参与，应在相关配套法律中建立公众获取环境信息的程序保障机制；完善环境决策参与制度和环境行政参与制度，并对参与的形式、程序、过程都要做出明确规定；还应完善环境治理中公众参与的责任追究制度，对不能保障公众参与权的相关机构和人员进行法律责任的追究等等[6]。公众参与环境治理应是国家政治民主进程中的重要内容，只有通过建立和完善一系列法律法规体系，农村环境治理中的公众参与才能发挥其应有的作用和效果。

（二）政府抓好自身定位，适当转变职能

现代社会是一个多元的社会，社会治理应坚持利益的多元化，制定社会政策、方针、对策必须坚持利益优先原则，促进公共决策的民主化。例如，决策方法民主化，即使人民群众充分行使参与决策的民主权利，在决策中听取相关专家学者的意见；决策内容民主化，即决策内容要充分体现民意，实现人民群众的根本利益[7]。党的十八大以来，习近平总书记在一系列讲话中阐述了严格依法行政的重要性，指出"各级政府一定要严格依法行政，切实履行职责，该管的事一定要管好、管到位，该放的权一定要放足、放到位，坚决克服政府职能错位、越位、缺位现象"。为此，在乡村环境治理中，政府官员需要从思想上根本转变，抓好自身的定位，进一步明确职能，坚持"有限政府"理论，将不属于自己的职能还给社会。在乡村环境治理的实践中，要及时关注当地群众和相关专家的意见和建议，通过各种渠道听取民意，逐步调动村民参与环境治理的热情，从而推进决策内容的民主化和科学化，提高环境决策实效。

（三）培养地方环保 NGO，拓展公众参与环保的路径

在我国农村，大部分地方在环境治理方面的供给主体主要还是政府，当前农村环境治理的落后状态急需将公共环保 NGO 引入农村环境治理工作当中，发展多元主体模式，从而达到拓宽公众参与环境治理路径的目的。因此，一方面需要降低门槛、放宽成立条件。根据《社会团体登记管理条例》的规定，社会团体的成立和发展受到数量和规模上的限制，政府应适当降低硬性标准并简化审批程序，依法承认和保障民间环保 NGO 的法律地位。另一方面，还要尽可能地减少政府对草根环保 NGO 的行政干预，不宜对其实行直接领导、直接管理或包办代替，必须"政群"分开，并通过购买环境服务将部分环境服务性职能移交给环保 NGO，使其具有独立的法律主体地位和独立开展活动的权利，增强其独立性和自主性，以提升其社会公信力和影响力[8]。培养和

---

6 范俊玉. 加强我国环境治理公众参与的必要性及路径选择 [J]. 安徽农业大学学报（社会科学版），2011，（5）：25-29.

7 毕霞，杨慧明，于丹丹. 水环境治理中的公众参与研究：以江苏省为例 [J]. 河海大学学报（哲学社会科学版），2010，12（4）：43-47，91.

8 陈叶兰. 论环境保护的公众参与 [J]. 湖南农业大学学报（社会科学版），2006，7（3）：98-101.

壮大草根环保 NGO，将给地方村民灌输大量环保知识，在参与活动的过程中激发村民的环保热情，使得村民在具体参与环境治理过程中变得更组织化和有序化，弥补单一供给主体效率低下的不足，成为公众利益表达和参与农村环境治理的有效通道，推动农村环境治理工作向前迈进。

（四）增强公众环保意识和能力

根据村民的认知和行为特点，应采取多种方式加强环境宣传教育，加大农村环保宣传力度，增强农民群众的环保意识，通过多样化、多层次的传播，增进人们对环境问题及环保工作的认识和了解。首先，环境宣传教育应尽量采取通俗易懂的传播方式，充分发挥广播、电视、网络等群众喜闻乐见的宣传优势，不断灌输村民保护环境、热爱环境的思想观念，引导村民养成良好的生活习惯，从而增强群众的环保意识。其次，如何提高村民的参与能力至关重要。一是要将环保问题的相关知识通过简单实用的方式传播给村民，使村民形成对环境问题的正确认识，并转化为行动参与能力；二是通过环境法律法规与相关政策的普及教育，让村民可以充分了解到自身的环境权益以及如何来维护自身的权益，增强居民参与环境治理、维护环境权益的能力；三是加大政府环境信息公开，保障村民的环境知情权，改善现实中信息不对称的状况，使村民参与环境治理由被动变为主动。

总之，加强乡村环境治理中的公众参与是纠正"政府失灵"现象并增强政府的合法性的客观要求，是实现公民权和环境民主的基本保障，是推进"美丽乡村"建设的必要路径。但是，公众参与在农村环境治理中仍存在以下问题：法律法规体系不完善；政府自身定位不准确，职能转变不到位；地方环保 NGO 作用有限，公众参与渠道不畅通；公众参与意识薄弱，能力水平较低。在乡村环境治理实践中应从以下方面着手推进美丽乡村建设目标地实现：完善相关法律法规体系；政府抓好自身定位，适当转变职能；培养地方环保 NGO，拓展公众参与环保的路径；增强公众环保意识和能力。

第二章 乡村居住环境保护问题

环境问题的产生与人类社会的进步密不可分，环境保护关注的重点一开始主要在城市，农村环境保护问题意识的提高和逐步得到重视是近十年的事，实际上农村环境问题是一个涉及面广、综合性很强的问题。本章重点论述了我国农村环境污染问题的现状，分析了产生原因，简要回顾了我国农村环境保护工作的发展历程，并针对现状与产生的原因提出进一步加强农村环境保护的对策建议。

第一节 乡村居住环境与环境问题

一、环境的定义

环境是一个相对于某个主体而言的客体，它与主体相互依存，它的内容随着主体的不同而不同。主体以外的一切客观事物的总和称之为环境。对于环境科学而言，"环境"的含义是以人类社会为主体的外部世界的总体，即是人类生存、繁衍所必需的、相适应的环境。它不仅包括未经人类改造过的自然环境，如阳光、空气、陆地、土壤、水体、天然森林和草原、野生动物等，而且包括经过人类社会加工改造的人工环境，如城市、村落、水库、港口、公路、铁路、空港、园林等。

《中华人民共和国环境保护法》规定环境是指"影响人类生存和发展的各种天然和人工改造的自然因素的总和，包括大气、水、海洋、土地、矿藏、森林、草原、野生动物、自然遗迹、自然保护区、风景名胜区、城市和乡村等"。这些主要是指自然环境，也包括一部分社会环境。

当然，随着社会的发展、人类认知水平的提高，环境的外延也不断变化，人类已经发现地球的演化发展规律同宇宙天体的运动有着密切的联系，如反常气候的发生，就与太阳的周期性变化密切相关。所以从某种程度上讲，宇宙空间也是环境的一部分，因此要用发展变化的眼光来认识环境。

二、环境的分类

环境是一个非常复杂的体系，目前还没有形成统一的分类方法。一般是按照环境的主体、范围、构成要素及人类对环境的利用或环境的功能等原则进行划分。

按照环境的主体来分，目前有两种体系：一种是以人类作为主体，其他生命物质和非生命物质都被视为环境要素，即环境就是人类的生存环境；另一种是以生物体（界）作为环境的主体，不把人以外的生物作为环境要素。在环境科学中，多数人采用前一种分类方法，生态学中，一般采用后一种分类方法。

按照环境的范围大小来分类比较简单，如把环境分为特定的空间环境（如天宫一号的密封舱环境）、车间环境（劳动环境）、教室环境、生活区环境、城市环境、区域环境、全球环境和宇宙环境等。

按照环境要素进行分类较为复杂，可分为自然环境和社会环境两大部分。

（一）自然环境

自然环境是目前人类赖以生存、生活和生产所必需的自然条件和自然资源的总和，即阳光、温湿度、气候、空气、水、岩石、土壤、动植物、微生物及地壳的稳定性等自然因素的总和，即直接或间接影响到人类的一切自然形成的物质、能量和自然现象的总和。

（二）社会环境

社会环境是指在自然环境的基础上，人类通过长期有意识的社会劳动，加工和改造了自然物质，创造的物质生产体系，积累的物质文化等所形成的环境体系，是与自然环境相对的概念。社会环境一方面是人类精神文明和物质文明发展的标志，另一方面又随着人类文明的演进而不断地丰富和发展，所以也有人把社会环境称为文化—社会环境。

狭义的社会环境仅指人类生活的直接环境，如家庭、劳动组织、学习条件和其他集体性社团等。社会环境对人的形成和发展进化起着重要作用，同时人类活动给予社会环境以深刻的影响，而人类本身在适应改造社会环境的过程中也在不断变化。

三、环境问题

从人类产生的那一刻起，我们就不甘愿受自然的奴役。人类发现了火，极大地改善了我们的生存环境；人类发明了弓箭，大大提高了劳动生产率……最终，我们建立了以自身为中心的人类社会，我们成了万物的主宰。因此，人类的发展史可以说是一部同自然抗争的历史。在这不断持久的抗争中，我们留下了上下五千年的文明，喊出了"人定胜天"的豪言……然而，正当我们陶醉于其中时，环境问题却悄然而至。面对它，我们措手不及，无可奈何：土地变成了沙漠，天空变成了灰色……直到这时我们才不得不面对现实，正视环境问题，同环境问题展开一场没有硝烟，更艰巨、更持久的抗争。

那么什么是环境问题，它又是如何产生的呢？它是指由于人为活动或自然原因使环境条件发生不利于人类的变化，以至于影响人类的生产和生活，给人类带来灾难的现象。我们常说的环境问题主要指两大类：一是自然环境的破坏。它主要是由于人类不适当、不合理的开发、利用资源或进行大型工程建设造成的对环境和人类不利的影响和危害，如水土流失、滥伐森林、土地沙漠化等。二是环境污染，即由于人类不适当的向环境排放污染物或其他物质、能量，使环境质量下降，危害人体健康，如工业"三废"污染、化肥农药污染等。

恩格斯在《英国工人阶级状况》一书中指出了环境问题产生的两个根源：一是人们对自然规律认识不足，不能正确预见到生产后果对自然界干扰所引起的比较远的影响，遭到了自然界的报复；二是现有的生产方式，都只在于取得劳动的最近的、最直接的有益效果，而忽视了比较远的自然和社会影响。其实，环境问题并不是一个新鲜问题，也不是一个外来问题。它是人们自身所引起的，是人类破坏环境自食恶果的表现。只是，早期的人类社会还处于一种原始的状态。虽然人类对环境的依赖性很大，但是由于生产力极其低下，改造环境的能力很差，因此人类活动对环境的影响也比较小（不会超过环境的自净能力），也不可能出现今天这样普遍的环境问题。

如果说早期的环境问题主要是由于人类对自然资源的破坏所造成的话，那么18世纪产业革命以后的环境问题则主要是科技高度发展和人口激增的结果。科学技术的发展推动了人类社会的进步，但同时也给人类带来意想不到的灾难。特别是当人们还在为产业革命的辉煌欢呼雀跃时，当人们还在对"科技万能"的迷信执迷不悟时，一场巨大的灾难席卷全球。它带给人类的是永不逝去的伤痛和无尽的悔恨。1873—1892年的19年中，英国伦敦发生过五次毒雾事件；1952年又发生一起震惊世界的烟雾事件，四天内死亡人数较常年同期多4000人；1930年，比利时马斯河谷烟雾事件，一周内死亡60人。

综上所述，我们可以看出，环境问题是在人类社会和经济的发展过程中逐渐产生的，是经济发展与环境保护的矛盾表现，是人与自然关系失调的结果。正如世界银行的经济学家所分析的那样，当决定使用资源的人忽视或低估环境破坏给社会造成的损失时就会出现环境退化。

第二节 我国乡村居住环境现状及问题

一、我国农村环境问题

改革开放以来我国农民的收入有了明显提高，居住条件得到不断改善，但在城市环境日益改善的同时，农村环境问题的解决却不尽如人意，农村环境污染已经在一定程度上阻碍了农村的社会发展和农民的福利改善。当前农村环境问题十分突出，生活污染加剧，面源污染加重，工矿污染凸显，饮水安全存在隐患，直接影响农村人民群众的生产生活和身体健康。特别值得注意的是部分地区的环境状况不仅没有改观，污染反而更趋严重。有关资料显示，中国农村有 3 亿多人喝不上干净的水，其中超过60% 是由于非自然因素导致的饮用水源水质不达标；农业面源污染和农田土壤污染范围不断扩大，我国农村人口中与环境污染密切相关的恶性肿瘤等疾病死亡率逐步上升，解决农村环境污染问题已成为各级政府的当务之急。目前我国农村环境污染问题主要表现在以下六个方面：

（一）农村生态破坏严重

目前，我国农村存在大量掠夺式的采石开矿、挖河取沙、毁田取土、陡坡垦殖、圈湖造田、毁林开荒等行为，很多地区农业生态系统功能遭到严重损害。全国水土流失面积 356 万平方公里，占国土总面积的 37.08%。其中，水蚀面积 165 万平方公里，占国土总面积的 17.18%；风蚀 191 万平方公里，占国土总面积的 19.9%。总体看农村生态破坏在局部有所控制和改善，但情况仍然不容乐观。

（二）农业农村面源污染日益突出

随着农村经济的发展，农民在施肥观念上越来越重视化肥，轻视有机肥，化肥的长期大量使用在一定程度上改变了土壤原来的结构和特性，局部出现土壤板结、酸化、有机质含量下降等现象。目前我国已经是世界上化肥、农药使用量最大的国家，2005年，我国化肥和农药年施用量就分别达 4766 万吨和 130 多万吨，按播种面积 233232万亩计算，化肥使用量 31 吨 / 平方公里，远远超过发达国家为防止化肥对土壤和水体造成危害而设置的 22.5 吨 / 平方公里的安全上限。而且化肥利用率偏低，氮肥利用率仅 30%~40%，磷肥利用率在 20% 左右，流失率很高。

化肥中的氮磷流失到农田之外，会使湖泊、池塘、河流、水库和浅海水域水体富营养化，导致水体缺氧，鱼虾死亡。近年来我国不少江河湖泊出现了不同程度的富营养化，部分地区的水体营养化十分严重。化肥的不合理使用还会直接污染地下水源，使地下水的总矿化度、总硬度、硝酸盐、亚硝酸盐、氯化物和重金属含量逐渐升高。农药的大量使用同样对农业系统的生态平衡带来严重影响，而且对农产品和环境带来严重污染，一些有机化学药品会残留并积累在农产品中，致使人食用后在体内聚积并引发疾病。被有机农药污染的水难以净化，威胁人类饮用水的安全。

（三）畜禽养殖污染不断加剧

畜禽养殖污染，是指在畜禽养殖过程中，畜禽养殖场排放的废渣，清洗畜禽体和饲养场地、器具产生的污水及恶臭等对环境造成的危害和破坏。随着畜禽养殖业的迅速发展，畜禽粪便带来的环境污染问题也越来越突出。根据国家第一次污染源普查公报，全国畜禽养殖业粪便产生量 2.43 亿吨，尿液产生量 1.63 亿吨，畜禽养殖业主要水污染物排放量达化学需氧量 1268.26 万吨，总氮 102.48 万吨，总磷 16.04 万吨，铜 2397.23 吨，锌 4756.94 吨。目前 80% 的规模化畜禽养殖场没有污染治理设施，畜禽养殖不仅带来地表水的污染和水体富营养化，而且会产生大气的恶臭污染和地下水污染，同时畜禽粪便中所含病原体也对人群健康造成了极大威胁。

（四）农村生活污染和工矿污染叠加

据测算，全国农村每年产生生活垃圾约 2.8 亿吨，生活污水 90 多亿吨，人粪尿年产生量为 2.6 亿吨，绝大多数没有处理，生活污水和垃圾随意倾倒、随地丢放、随意排放。"室内现代化，室外脏乱差"，成为一些地区形象写照。

乡镇企业布局分散，工艺落后，绝大部分没有污染治理设施，也是造成农村环境严重污染的原因。由于经济发展不平衡，在工业发展和产业转型过程中城市工业污染"上山下乡"现象加剧，出现污染由东部向中西部转移、城市向农村转移。另外，全国因城市和工业固体废弃物堆存而被占用和毁损的农田面积已超过 200 万亩。乡镇企业布局不合理，污染物处理率低，我国乡镇企业废水 COD 和固体废物等主要污染物排放量已占工业污染物排放总量的 50% 以上。

（五）土壤污染程度加剧

土壤污染被称作"看不见的污染"，所有污染（包括水污染、大气污染在内）的 90% 最终都要归于土壤。当前，我国土壤污染日趋严重，耕地、城市土壤、矿区土壤均受到不同程度的污染，而且土壤的污染源呈多样化的特点。土壤污染的总体情况可以用"四个增加"来概括：土壤污染的面积在增加；土壤污染物种类在增加；土壤污染的类型在增加；土壤污染物的含量在增加。据调查，我国一些地区的土壤已受到不同程度的污染。据国家环保总局有关负责人介绍，土壤污染的总体形势相当严峻，已对生态环境、食品安全和农业可持续发展构成威胁。一是土壤污染程度加剧。据不完全调查，目前全国受污染的耕地约有 1.5 亿亩，污水灌溉污染耕地 3250 万亩，固体废弃物堆存占地和毁田 200 万亩，合计占耕地总面积的 1/10 以上，其中多数集中在经济较发达的地区。二是土壤污染危害巨大。据估算，全国每年遭重金属污染的粮食达1200万吨，造成的直接经济损失超过200亿元。土壤污染造成有害物质在农作物中积累，并通过食物链进入人体，引发各种疾病，最终危害人体健康。土壤污染直接影响土壤生态系统的结构和功能，最终将对生态安全构成威胁。三是土壤污染防治基础薄弱。目前，全国土壤污染的面积、分布和程度不清，导致防治措施缺乏针对性。防治土壤污染的法律还存在空白，土壤环境标准体系也未形成。资金投入有限，土壤科学研究难以深入进行。有相当一部分群众和企业对土壤污染的严重性和危害性缺乏认识，土壤污染日趋严重。

导致土壤污染的主要因素有以下几种：（1）工业排放的废气、废水、废渣。工业"三废"未经处理或处理不当直接排放，污染环境，并最终归于污染土壤。（2）污水灌溉。不少地区用污水灌溉农田，且多数污水未经处理，所含重金属及有毒、有害物质会在土壤中累积，造成严重后果。（3）农药、化肥等化学制品。许多地区单纯为了提高粮食产量，大量使用农药、化肥等化学制品，造成土壤过酸，使土壤的团粒结构遭到破坏，导致土壤板结。（4）重金属污染。"使用含有重金属的废水进行灌溉是重金属进入土壤的一个重要途径。重金属进入土壤的另一条途径是随大气沉降落入土壤"。（5）非降解农膜的大面积使用。残留在土壤中的农膜阻碍了土壤水分和气体的交换，破坏土壤的物理性状，甚至使土壤性质改变到不宜耕作。最终使土壤地力普遍下降，土壤结构被破坏，导致农产品的产量和质量下降，最终危害人体健康。

（六）农膜污染

我国的塑料地膜覆盖技术是1978年由日本引入的，虽然起步较晚，但发展势头迅猛，目前农膜覆盖技术在我国农业生产中得到了广泛应用，农膜覆盖栽培已成为我国农业生产中增产、增收的重要措施之一。但是由于局部使用量大、使用方法不当等原因，其所导致的环境问题也日趋严重。随着塑料地膜使用量的不断扩大及使用年数的增长，农田中残留塑料地膜不断积累。由于塑料地膜是一种由聚乙烯加抗氧剂、紫外线制成的高分子碳氢化合物（聚氯乙烯），具有分子量大、性能稳定的特点，在自然条件下很难降解，在土壤中可以残存200~400年。目前我国主要使用0.012毫米以下的超薄地膜，这种地膜强度低、易破碎、难以回收。据农业农村部调查显示，目前我国地膜残留量一般在12~18千克／亩。据估计，聚乙烯塑料在自然界分解需要几百年的时间，而我国农膜的残留量为30多万吨，占农膜使用量的40%左右，残膜对农田的污染被称为"白色污染"。

二、农村环境污染严重的原因

导致农村环境污染越来越严重的原因很多，概括起来包括以下六个方面：

（一）环境保护意识淡薄，农村环境管理体系薄弱

由于农民整体受教育程度不高，及其长久陋习的影响，加之缺乏必要的环卫设施，随意处置垃圾、随意排放污水的现象非常普遍，难以适应农村环境形势变化的需要。一般认为，农村车辆少，各种工业废料少，而面积又大，污染情况不是很严重。特别是基层政府，为了发展经济，引进项目，根本没有考虑环境污染问题。同时，农村居民对环境保护的意识也没有城市居民强，反对破坏环境行为的呼声也没有城市居民高，这与城市污染初期有一点相像。

经过几十年的努力，我国的环境污染问题在城市和工业发达地区已经得到了比较好的控制。而农村工业薄弱、经济落后，温饱问题刚刚得到基本解决，解决污染问题和提高生活质量还只是美好的愿望。各级政府对改善农村环境、提高产品质量、营造和谐环境还没有提上重要议事日程，再加上科技文化知识欠缺，对工业污染转移和农村自身污染问题普遍没有引起足够重视。

由于受传统观念影响，温饱即足，只顾眼前利益，没有长远打算，农民的环境意识和维权意识普遍不强，对环境污染和破坏的危害性认识不足；即使认识到环境的危害性，也不知自己拥有何种权利、如何维护自己的权益。

（二）农村环境政策法规、标准、管理机构不健全

我国有关农村生态环境的立法很不健全，如对于农村养殖业污染、塑料薄膜污染、农村饮用水源保护、农村噪声污染、农村生活和农业污水污染、农村环境基础设施建设等方面的立法基本是空白。

目前的诸多环境法规，如《环境保护法》《水污染防治法》等，对农村环境管理和污染治理的具体困难考虑不够。例如，目前对污染物排放实行的总量控制制度只对点源污染的控制有效，对解决面源污染问题的意义不大；对规模普遍较小、分布较为分散的乡镇企业的污染排放监控，也由于成本过高而难以实现。

（三）资金投入严重不足，导致农村环境污染治理不力

我国城乡二元制社会结构导致在环保领域也是如此，过去我国污染防治投资几乎全部投到工业和城市，而农村从财政渠道几乎得不到污染治理和环境管理能力建设资金，也难以申请到用于专项治理的排污费。对城市和规模以上的工业企业污染治理，制定了许多优惠政策，如申请财政资金贷款贴息、排污费返还使用，城市污水处理厂建设时征地低价或无偿、运行中免税免排污费，规模以上工业企业污染治理设施建设还可以申请用财政资金贷款贴息等。而对农村各类环境污染治理却没有类似优惠政策，导致农村污染治理基础滞后，难以形成治污市场。乡镇和村一级行政组织普遍财源不够，连应付生产性基础设施建设都做不到，更难以建设污染治理基础设施。投入不足导致农村处理污染物能力较差，是造成污染的另一个原因。据测算，全国农村每年产

生生活污水约 80 亿吨，生活垃圾约 1.2 亿吨，大多放任自流。

（四）经济发展和生态建设不和谐

许多地方只注重经济建设，片面追求经济效益，忽视生态建设和环境质量的改善，甚至不惜牺牲生态环境谋求经济发展，导致农村生态环境恶化。当前，农村社区生态环境保护面临的矛盾越来越突出，主要体现在以下方面：生态环境退化与自然资源短缺导致的局部利益与全局利益、眼前利益与长远利益之间的矛盾；粗放型增长方式与有限的生态承载能力之间的矛盾；人民对生态环境质量的要求不断提高与生态环境日渐恶化的矛盾；国家对生态环境保护监管水平的要求越来越高与实际监管能力严重滞后的矛盾。

特别是我国矿山、能源基本上在农村山区，不加保护地竭泽而渔式开采，已经在大量破坏植被等环境。大量掠夺式的采石开矿、挖河取沙、毁田取土、陡坡垦殖、围湖造田、毁林开荒等行为，使很多生态系统功能遭到严重损害。

（五）城市工业污染向农村转移趋势加剧

一些高污染企业正在向农村搬家，一些外资污染企业更是盯住了农村这个市场，一些城郊接合部成为城市生活垃圾及工业废渣的堆放地。

实际上农村绝不能走"先污染，后治理"之路，农村必须从城市工业污染、沿海工业污染中吸取教训。特别是在新农村建设中，环保必须先行。我国大部分农村，由于经济基础薄弱，应对污染的能力不强，如果过度污染，会给农村、农民带来各种严重疾病，那么，农村居民将陷于困境。同时，农村环境一旦遭到严重破坏，治理起来的难度非常大，不但需要时间而且需要巨大的资金投入。

（六）农村环境政策的城市思维

我们的环境政策存在以城市导向为主的问题，这些城市导向的环境政策经常忽视农村居民的利益，并且这些决策经常会建立在对实际情况的误解基础上。事实证明，单从城市的角度来理解农村是不行的。前几年北京沙尘暴时，有人说要"杀掉山羊保北京"，因为他们认为山羊对草原的破坏很严重，比如说山羊会把草根吃掉，而绵羊则不会，所以山羊是沙漠化的罪魁祸首，为了北京的绿色奥运，应当禁止养山羊。事实上，在不同的环境下山羊对草原的影响是不同的。在相对沙漠化的环境中，由于草料不够，山羊的确会啃食草根、树枝和灌木丛，从而破坏植被，促进沙漠化，以灌木为主的地区尤为严重。但在一般的草甸草原中草的密度大的地方，山羊对环境的破坏极小，而且比喜欢集体活动的绵羊的破坏更小。甚至在有些地方，山羊会吃掉影响草甸生长的灌木丛而促进草原的生长，在这些地方，山羊不仅不会破坏环境，而且对草甸保护非常有利。

第三节　我国乡村居住环境保护工作的发展历程

一、起步探索阶段（1978—1998）

环境问题起源于史前时期，当人类使用火，开始农业耕种，人类对自然的施加影响便开始了。然而，掀起第一次环境浪潮的则是自工业革命以来，由于科学发明和技术进步使社会生产力迅速提高，创造了巨大的物质财富，人类干预和改造大自然的能力和规模突飞猛进，同时也带来了新的环境问题，自然资源的过度开发利用已使其难以恢复和再生，急剧增加排向环境的有害、有毒废物导致生态环境不断恶化，化肥、农药过度的使用造成对生态系统的严重破坏，20 世纪 50—60 年代震惊世界的八大公害事件使成千上万人罹难。

20 世纪 70 年代以来殃及全球的温室效应、臭氧层破坏、酸雨沉降、生态环境退化等环境问题给人类的生存和发展带来了空前的威胁，也对农业生产与农村发展形成影响，长期以来，一味追求经济产值的发展模式，使人们赖以生存的地球及建立在资源废墟上的文明正面临着危难。当人类拥有主宰地球的能力并用以进行自毁家园的畸形发展时，不堪重负的地球生态环境总是报之以一次次沉重的打击，并唤起人类应有的环境意识。

我国的环境保护工作是在 1972 年斯德哥尔摩人类环境会议之后，才逐步引起重视，其中农村环境保护工作真正提到议事日程是改革开放以后，在 20 世纪 80 年代，农业农村部成立农业环境保护科研监测所，创办《农村环境保护》杂志，在行政管理方面农业农村部下设农村环保能源司，负责全国的农村环境保护与农村能源建设，全国各省、市、自治区农业厅成立农业环保站，作为各省市区的农村环保事业的行政主管和业务指导单位，开展了包括乡镇企业污染调查、农业土壤环境背景值调查、污水灌区环境质量状况调查、农产品污染状况调查，生态农业试点县建设等一系列的全国性工作。特别是在 1991 年山西省农业环保站起草，经省人大审议率先在全国出台的地方性农业环保法规《山西省农业环境保护条例》之后，辽宁、黑龙江、湖北、山东、云南、宁夏等地纷纷效仿出台各省区的农业环保条例，为农村环保事业步入法制化轨道发挥巨大推动作用。一直到 1998 年中央进行机构精简改革，农业农村环保工作的领导与监管职能划归国家环保总局，农业农村部环保能源司撤销，只在科技教育司设生态处，我国的农村环保工作从宏观上虽然理顺关系，涉及环保包括农业农村环保都由环保总局管理，但在过渡期工作还是受到一定的影响。

二、改革发展阶段（1998—2006）

随着农村环境污染问题的严峻形势，农村环保问题逐步引起了政府部门和社会各界高度关注。1998 年长江发生特大洪水灾害，国家及时做出退耕还林的重大举措，对大江大河上游的植被恢复与生态重建发挥了重要作用。在生态建设方面的资金投入逐年增加，2000 年以后国家环境保护总局开始系统考虑农村环保问题，由国家环保总局牵头，开展生态实验区、生态村、生态乡镇、生态县、生态市的创建工作，并制定颁布了一系列的建设标准（试行），之后结合环保小康行动计划开展了全国环境优美乡镇的创建工作，特别是 2006 年编制的国家环境保护"十一五"规划首次将农村环境保护列为重点领域，农村环境污染防治成为国家生态环境保护工作的重要任务。

三、不断完善阶段（2006 年以后）

我国农村环境保护工作不断完善的标志表现在以下五个方面：

（一）农村环境保护列入国家环境保护"十一五"规划

2006 年编制的国家环境保护"十一五"规划首次将农村环境保护列为重点领域，农村环境污染防治成为国家生态环境保护工作的重要任务。

（二）党的十七大报告首次提出建设生态文明

党的十七大报告明确提出，要建设生态文明，统筹城乡发展，推进社会主义新农村建设。要建设生态文明，推进社会主义新农村建设，就必须重视农村环境保护。我国农村环境的现状与建设社会主义新农村、构建和谐社会的要求还不相适应，已成为农村经济社会可持续发展的制约因素。一些地区由于环境污染引发的各类疾病明显上升，已严重威胁到广大农民群众的身体健康；一些地区农田污水灌溉、过量施用农药、化肥，导致农作物品质下降、减产甚至绝收，影响农民增收；一些地区农村环保信访量不断增加，由于环境污染引发的群体性事件也呈上升之势，影响农村社会的稳定。这些环境问题如不能及时得到解决，必将影响社会主义新农村建设和全面建设小康社会总体目标的实现。各地区、各部门在党中央、国务院的坚强领导下，围绕农村改革发展大局，采取有力措施，扎实深入推进农村环境保护工作，取得了明显成效，为促进农村经济社会又好又快发展提供了良好的环境保障。

（三）中华人民共和国成立以来全国第一次农村环境保护工作电视电话会议召开

2008 年 7 月，国务院召开全国农村环境保护工作电视电话会议，会议根据农村环境状况，提出当前和今后一个时期要着力抓好以下八个方面的工作：一要全力保障农村饮用水安全;二要严格控制农村地区工业污染;三要加强畜禽养殖污染防治监管;四要积极防治农村土壤污染;五要加快推进农村生活污染治理;六要深化农村生态示范创建活动;七要强化农村环境监管体系建设;八要加大农村环保宣传教育力度。

会议提出了"以奖促治"重大决策,旨在通过加大农村环境保护投入,逐步完善农村环境基础设施,调动广大农民投身农村环境保护的积极性和主动性,推进农村环境综合整治。自"以奖促治"政策实施以来,中央财政投入农村环境保护专项资金达15亿元,支持2160多个村开展环境综合整治和生态建设示范,带动地方投资达25亿元,1300多万农民直接受益,许多村庄的村容村貌明显改善,一些项目实现了生态、社会和经济效益的统一。

(四)中央农村环境保护专项资金设立"以奖促治"方案出台

国务院2009年3月5日转发环境保护部、财政部、发展改革委《关于实行"以奖促治"加快解决突出的农村环境问题的实施方案》(以下简称《方案》),进一步落实"以奖促治"政策,加快解决突出的农村环境问题。

《方案》指出,计划到2010年,集中整治一批环境问题最为突出、当地群众反映最为强烈的村庄,使危害群众健康的环境污染得到有效控制,环境监管能力得到加强,群众环境保护意识得到增强。到2015年,环境问题突出、严重危害群众健康的村镇基本得到治理,环境监管能力明显加强,群众环境保护意识明显增强。

《方案》明确了"以奖促治"政策的实施范围。原则上以建制村为基本治理单元,优先治理淮河、海河、辽河、太湖、巢湖、滇池、松花江、三峡库区及其上游、南水北调水源地及沿线等水污染防治重点流域、区域,以及国家扶贫开发工作重点县范围内群众反映强烈、环境问题突出的村庄。《方案》提出,在重点整治的基础上,可逐步扩大治理范围。

"以奖促治"政策重点支持农村饮用水水源地保护、生活污水和垃圾处理、畜禽养殖污染和历史遗留的农村工矿污染治理、农业面源污染和土壤污染防治等与村庄环境质量改善密切相关的项目。

《方案》对整治成效提出了具体要求:在农村集中式饮用水水源地划定水源保护区,在分散式饮用水水源地建设截污设施,加强水质监测能力,依法取缔保护区内的排污口,确保无污染事件发生;采取集中和分散相结合的方式,妥善处理农村生活垃圾和生活污水,并确保治理设施长期稳定运行和达标排放;有效治理规模化畜禽养殖污染,对分散养殖户进行人畜分离,集中处理养殖废弃物;对历史遗留农村工矿污染采取工程治理措施,消除污染隐患;建立有机食品基地,在污灌区、基本农田等区域,开展污染土壤修复示范工程,保障食品安全。

（五）国务院办公厅发布《关于加强农村环境保护工作的意见》

《关于加强农村环境保护工作的意见》（以下简称《意见》）指出，到 2010 年，农村环境污染加剧的趋势有所控制，农村地区工业污染和生活污染防治取得初步成效。2015 年，农村人居环境和生态状况明显改善，农村环境与经济、社会协调发展。《意见》是在深刻分析我国农村环境保护的形势和任务基础上做出的重要决策，充分体现了党中央、国务院对农村环境保护工作的高度重视。《意见》的发布对于切实加强农村环境保护，推动各地将农村环保工作摆到更加突出和重要的位置，建设农村生态文明，广泛调动全社会力量促进社会主义新农村建设将产生巨大的推动作用。它的重大意义主要表现在三个方面：第一，《意见》是深入贯彻科学发展观，建设农村生态文明的具体体现。第二，《意见》是促进社会主义新农村建设的重要举措。第三，《意见》是解决影响农民健康和农村可持续发展的环境问题的迫切需要。

第四节　美丽乡村建设与环境保护的思考

建设美丽乡村、把农村打造成为"宜居宜业宜游"的美好家园，是生态文明建设的重要内容，是城乡经济社会实现协调可持续发展的重要保障，是让全体农民过上幸福美好生活的必由之路。瓦窑镇作为保山坝的北大门，美丽乡村建设与环境保护显得尤为重要。

美丽乡村是美丽中国的基本单元，要建设美丽中国，首要任务是全面提升农村生态环境，努力把农村打造成环境优美、生态宜居、底蕴深厚、各具特色的美丽乡村，积极推动社会物质财富与生态财富共同增长、社会环境质量与农民生活质量同步提高。

一、统筹城乡发展规划，优化农村空间布局

2015 年，隆阳区委、区政府提出实施"青山工程""绿水工程""蓝天工程""清洁工程"建设，瓦窑镇作为保山坝的北大门，美丽乡村建设与环境保护显得尤为重要，可以说是一面旗帜、一扇窗户。首先，要规划先行。规划是龙头，要高起点编制镇村布局、生产力布局、水资源、土地利用、农民集中居住区等规划，科学确定集镇规划区、工矿生产区、农业发展区、农民居住区和生态保护区，统筹安排集镇建设、基本农田、产业集聚、生活居住、生态保护等空间布局。

一是推进农村工业向园区集中，促进生产空间集约高效。要坚持工矿产业规划与本地资源利用和产业优势相结合的原则，高起点、高标准抓好园区规划，加快工业园区基础设施建设步伐，完善交通、供水、供电、通信等配套设施，积极鼓励村集体在

工业园区内建造标准厂房，吸引农村工业企业向园区集中。以工业园区集聚建设为抓手，加快发展产业集群，带动工业经济转型升级，提高土地利用集约化水平。

二是推动农业向规模经营集中，促进生态空间山清水秀。加快农村土地流转步伐，以上麦庄产业发展模式为依托，推动农地连片集中，根据农业产业布局规划，整合项目资金，结合土地复垦整理、农田水利建设、农业资源开发，加快高标准农田建设，发展农业适度规模经营，形成高效、立体、清洁的产业格局。

三是引导农民向社区集中，促进生活空间宜居适度。加强农民集中居住区的基础设施和综合服务中心建设，吸引农民向设施配套、环境优美、功能齐全的新型社区集中，促进人口集聚、要素集约，让农民享受到一体化的基础设施和均等化的公共服务，不断提高农民的生活质量、幸福指数。

二、防控农业面源污染，提升农业生态环境

切实把农业产业生态化、发展清洁化作为建设美丽乡村的根本举措，积极发展生态农业，转变农业增长方式，严格防控农业面源污染，改善和提升农业生态环境。

一是控"源"。控制面源污染，关键是要控制农药化肥的污染。大力推广应用有机肥，实施农药化肥减量工程，着力提高化肥农药利用率。推进农村面源氮磷生态拦截系统工程建设。加快建立农药集中配送体系，实行农药统一配送、统一标识、统一价格及统一差率，杜绝高毒、高残留和假冒伪劣农药流入市场，从源头控制农业面源污染。

二是治"污"。按照垃圾"减量化、无害化、资源化"的要求，以农业废弃物资源循环利用为切入点，推广种养相结合、循环利用的生态健康种养生产方式。科学合理地制订养殖业发展规划，推进规模化养殖场建设。加快农村环境基础设施建设，规划布点村庄建设生活污水处理设施，提高农村生活污水处理率。

三是活"水"。水是生态之基，当务之急是要治理瓦窑河的污染，坚决堵住源头工业污染，提高河道自然功能。理顺和完善管理体制，加强河道长效管理，提升长效管理水平，实现清水畅流、鱼虾重现的昔日美景。

四是植"绿"。切实把澜沧江流域的绿化摆在首位，努力建设一条绿色长廊；大力推广应用乡土树种、珍贵树种造林，因地制宜把村旁、宅旁、路旁、水旁作为绿化重点，做到见缝插绿、应栽尽栽，加快构建"绿色通道、绿色水廊、绿色基地、绿色村庄"，形成"点""线""面"相结合的村庄绿化格局，构筑绿色生态屏障。

三、创新建设举措，塑造美丽乡村

环境就是资源，生态就是资本。要坚持把建设美丽乡村与发展农村旅游业有机结合，把资源优势转化为经济优势，带动瓦窑经济发展和农民收入增加。在塑造美丽乡

村的过程中，注重把保护乡村乡野农耕文明和自然原始纯朴之美作为第一追求，创新思路和举措，充分挖掘自身特色和优势，力求特色发展、错位发展，塑造出各具特色的美丽乡村。

一是做好"山"的文章。充分利用山区生态资源优势，靠山生财、靠山致富，发展种植业、林业、畜牧业，开发山区休闲旅游农业，建成一批以山村体验、民俗风情、自然景观为特色的山村休闲旅游群落，推出一批精品山村旅游点。

二是做好"水"的文章。将绿色生态与休闲观光、娱乐餐饮、度假购物结合起来，发展休闲乡村旅游项目。注重开发生态旅游发展之路，高质量打造道人山等原生态美景，增强保护生态环境的意识，使生态旅游的生态效益、社会效益和经济效益得以充分发挥。

三是做好"民居"文章。要注重传承和提升传统民居建筑特色，打造各地建筑风格各异、造型绚丽多姿的特色民居，充分体现浓郁的地域特征和民族文化。要加大古建筑保护修缮力度，特别是老营李家大院，让古建筑融入"美丽乡村"，并挖掘其背后的商业价值，整合历史文化资源，开发旅游特色线路，结合农村生态环境及生活文化，推介民风民俗、品尝农家菜、体验农家生活等具有乡土味的观光特色旅游。

四是做好"花果"文章。充分利用大自然赋予的丰富的花卉、林果资源，因地制宜，科学规划，在已有的基础上引入创意农业，对花卉、林果进行资源整合、规模培植、巧妙布置，打造"月月有花、季季有果"的瓦窑四季花园，形成姹紫嫣红、硕果累累的独特乡村美景。通过发展花卉和蔬果采摘体验项目，让游人漫步其中观花品果，享受美感和乐趣。

五是做好"农耕"文章。依托丰富的农耕文化资源，着力挖掘至今稀存于世的农耕器具、戏曲、民歌（山歌）、耕作传统、民俗风情及各类祭祀活动等资源，发展农耕文化旅游产业，让游客亲身体验扶犁耕作、推磨碾米、汲水灌田、制作农家酒、腌制农家菜、住农家屋、吃农家菜、干农家活等返璞归真、回归自然的乡村生活。

四、准确把握推进要素，加快美丽乡村建设

建设美丽乡村、把农村打造成为"宜居宜业宜游"的美好家园，是生态文明建设的重要内容，是城乡经济社会实现协调可持续发展的重要保障，是让全体农民过上幸福美好生活的必由之路。

1. 科学合理的规划是建设美丽乡村的前提

建设美丽乡村是一项系统工程，必须高度重视规划的引领作用，加强统筹推进。结合地理地貌、自然资源、文化积淀、民俗习惯、产业结构、自身特色等，因村制宜开展研究策划，做好美丽乡村建设规划，既要注重与周边环境的协调配套，又要塑造

村庄自身的特点、特色，还要传承历史民俗文化，确保规划的科学性、合理性，充分彰显农耕文化、秀美特色，让"农村更像农村"，避免"千村一面""万庄一孔"的不良布局。

2. 优化提升农村生态环境是建设美丽乡村的重点

农村生态环境好与否直接关系到美丽乡村的建设程度，因此要把优化提升农村生态环境作为建设美丽乡村的重点，抓紧抓实抓好。首先，要不断优化城乡空间布局；其次，要组织实施村庄环境整治工程，加大对自然村庄的改造和提升力度；最后，要积极发展规模农业、生态农业、循环农业和有机农业，不断提高农业生产的环境效益和经济效益，从根本上解决农村生态环境问题，保证农村经济可持续发展和农村生态环境进一步改善。

3. 创新举措是建设美丽乡村的关键

只有坚持创新举措，建立健全一系列行之有效的体制机制，增强内生动力，才能确保美丽乡村建设顺利有序推进。一是创新组织管理体系。美丽乡村建设面广量大、内涵丰富，涉及各级各部门，必须建立健全组织协调机制、分工合作机制，加强部门沟通、上下沟通，形成齐抓共管的良好局面。二是创新建设投入机制。美丽乡村建设资金投入量大，必须建立健全以政府为主导、农民为主体、社会广泛参与的美丽乡村建设投入机制。三是创新农村土地制度改革。积极发展土地股份合作社，创新土地流转机制，加快土地规范有序流转的步伐，实现土地连片集中。四是创新经营体制机制。通过大力发展社区股份合作、土地股份合作、劳务合作、农业专业经济合作等农村合作经济组织，特别是要创新发展合作农场，鼓励其参与美丽乡村建设，建立健全与农民的利益联结机制，让更多的农民分享建设成果，充分调动各类主体的积极性，合力推进美丽乡村建设。

第三章　乡村居住环境污染和处理

第一节　乡村大气污染环境问题

一、大气的组成

大气是多种气体的混合物，就其组分的含量变动情况可分为恒定组分、可变组分和不定组分三种。恒定组分指 N_2、O_2 和 Ar。N_2 占空气体积 78.09%、O_2 占 20.95%、Ar 占 0.93%，三者总和占空气总体积的 99.97%，其余为微量的氖、氦、氙、氡等稀有气体。可变组分指空气中的 CO_2 和水蒸气，通常 CO_2 含量为 0.02%~0.04%，水蒸气含量小于 4%。可变组分在空气中的含量随季节、气象与人类活动的变化而变化。不定组分指煤烟、尘埃、硫氧化物、氮氧化物及一氧化碳等，它与人类活动直接有关，这些组分达到一定浓度，会给人类、生物造成严重的危害。

二、大气污染的特征

大气污染通常是指由于人类活动或自然过程引起某些物质进入大气中，呈现出足够的浓度，达到足够的时间，并因此危害人体的舒适、健康和福利或环境的现象。究其成因主要分为自然因素（如森林火灾、火山爆发等）和人为因素（如工业废气、生活燃煤、汽车尾气等）两种。随着工业及城市化进程的加快，人为因素在大气污染中扮演越来越重要的角色，尤其是工业生产和交通运输。大气污染不仅对人类健康产生影响，而且对农业生产、农业生态系统也带来巨大破坏作用。我国是世界上大气污染最严重的国家之一，大气污染是我国环境问题中的一个主要问题。我国的经济发展、能源结构、地形及气候条件决定了大气污染具有以下特征。

（1）煤烟型污染是污染的普遍问题，主要污染物是烟尘和二氧化硫；

（2）汽车尾气污染明显增加，并逐渐上升为城市大气主要污染源，总悬浮颗粒物或可吸入颗粒是影响城市空气质量的主要污染物；

（3）酸雨分布区域性、季节性明显，污染物成分特点突出，以硫酸酸雨为主；

（4）工业"三废"任意排放是目前大气污染的罪魁祸首，但农业引发的大气污染仍不容忽视。

三、大气污染物

（一）一次污染物与二次污染物

按照污染物形成过程的不同，可将其分为一次污染物与二次污染物。一次污染物是从污染源直接排出的大气污染物，如颗粒物、二氧化硫、一氧化碳、氮氧化物、碳氢化合物等；二次污染物则是由污染源排出的一次污染物与大气正常组分，或几种一次污染物之间，发生了一系列的化学或光化学反应而形成的与原污染物性质不同的新污染物。如伦敦型烟雾中硫酸、光化学烟雾中过氧乙酰硝酸酯、酸雨中硫酸和硝酸等。这类污染物颗粒小，一般在 $0.01\sim1.0\,\mu m$，其毒性一般较一次污染物强。

（二）常见主要大气污染物

据不完全统计，目前被人们注意到或已经对环境和人类产生危害的大气污染物约有 100 种。其中影响范围广、对人类环境威胁较大、具有普遍性的污染物有颗粒物、二氧化硫、氮氧化物、一氧化碳、碳氢化合物及光化学氧化剂等。

1. 颗粒物

颗粒物即颗粒污染物，是指大气中粒径不同的固体、液体和气溶胶体。粒径大于 $10\,\mu m$ 的固体颗粒称为降尘，由于重力作用，能在较短时间内沉降到地面。粒径小于 $10\,\mu m$ 的固体颗粒称为飘尘，能长期飘浮在大气中。粉尘的主要来源是固体物质的破碎、分级、研磨等机械过程或土壤、岩石风化等自然过程以及燃料燃烧所形成的飞灰。目前大气质量评价中常用到一个重要污染指标总悬浮颗粒物（TSP），它是指分散在大气中的各种颗粒物的总称，数值上等于飘尘与降尘之和。

2. 含硫化合物

硫常以二氧化硫和硫化氢的形式进入大气，也有一部分以亚硫酸及硫酸（盐）微粒的形式进入大气，人类活动排放硫的主要形式是二氧化硫（SO_2）。天然源排入大气的硫化氢，也很快氧化为 SO_2，成为大气中 SO_2 的另一个源。

SO_2 是一种无色具有刺激性气味的不可燃气体，刺激眼睛、损伤器官、引发呼吸道疾病，甚至威胁生命，是一种分布广、危害大的大气污染物。SO_2 和飘尘具有协同效应，两者结合起来对人体危害作用增加 3~4 倍。SO_2 在大气中不稳定，在相对湿度较大且有催化剂存在时，发生催化氧化，转化为 SO_3，进而生成毒性比 SO_2 大 10 倍的硫酸或硫酸盐。故 SO_2 是酸雨形成的主要因素之一。

3. 碳氧化合物

碳氧化合物主要是 CO 和 CO_2，CO_2 是大气中的正常组成成分，CO 则是大气中排量极大的污染物。全世界 CO 年排放量约为 $2.10 \times 10^8 t$，为大气污染物排放量之首。CO 是无色、无味的有毒气体，主要来源于燃料的不完全燃烧和汽车尾气。CO 化学性质稳定，可以在大气中停留较长时间。一般城市空气中的 CO 水平对植物和微生物影响不大，对人类却是有害物质。因为一氧化碳与血红蛋白的结合能力比氧与血红蛋白的结合能力大 200~300 倍，当 CO 进入血液后，先与血红蛋白作用生成羧基血红素能使血液携氧能力降低而引起缺氧，使人窒息。

CO_2 主要来源于生物呼吸和矿物燃料的燃烧，对人体无毒。在大气污染问题中，CO_2 之所以引起人们普遍关注，原因在于它能引起温室效应，使全球气温逐渐升高、气候发生变化。

4. 氮氧化物

氮氧化物是 NO、N_2O、NO_2、N_2O_4、N_2O_2 等的总称，其中主要的 NO、N_2O、N_2O 是生物固氮的副产物，主要是自然源。故通常所说的氮氧化物，多指 NO 和 N_2O、的混合物，用 NO_x 表示。全球年排放氮氧化物总量约为 $10^9 t$，其中 95% 来自自然源，即土壤和海洋中有机物的分解；人为源主要是化石燃料的燃烧过程，如飞机、汽车、内燃机以及硝酸工业、氮肥厂、有色及黑色金属冶炼厂等。

NO 毒性与一氧化碳类似，可使人窒息。NO 进入大气后被氧化成 NO_2。NO_2 的毒性约为 NO 的 5 倍。它既是形成酸雨的主要物质，又是光化学烟雾的引发剂和消耗臭氧的重要因子。

5. 碳氢化合物

碳氢化合物包括烷烃、烯烃和芳烃等复杂多样的含碳和氢的化合物。大气中的碳氢化合物主要是甲烷，约占 70%。大部分的碳氢化合物来源于植物的分解，人类排放的量虽然小，却很重要。碳氢化合物的人为来源主要是石油燃料的不充分燃烧过程和蒸发过程，其中汽车尾气占有相当大的比重。

目前，虽未发现城市中的碳氢化合物浓度对人体健康的直接影响，但已证实它是形成光化学烟雾的主要成分。碳氢化合物中的多环芳烃化合物 3，4- 苯并（a）芘具有致癌作用，已引起人们的密切关注。另外，甲烷也具有温室效应，且效应比同量的二氧化碳大 20 倍。

6. 含卤素化合物

大气中的含卤素化合物主要是卤代烃以及其他含氯、溴、氟的化合物。大气中的卤代烃包括卤代脂肪烃和卤代芳烃。如有机氯农药 DDT、六六六，以及多氯联苯（PCB）等以气溶胶形式存在。含氟废气主要是指含 HF 和 SF_4 的废气，主要来源于钢铁工业、磷肥工业和氟塑料生产等过程。氟化氢是无色有强烈刺激性和腐蚀性的有毒气体，极易溶于水，还能溶于醇和醚。氟化氢对人的呼吸器官和眼结膜有强烈的刺激性，长期吸入低浓度的 HF 会引起慢性中毒。在氟污染区，大气中的氟化物被植物吸收而在植体内积累，再通过食物链进入人体，产生危害，最典型的是"斑釉齿症"和使骨骼中钙代谢紊乱的"氟沉着症"。

7.光化学烟雾（洛杉矶烟雾）

汽车、工厂等排入大气中的氮氧化物、碳氢化合物等一次污染物，在紫外线的作用下发生光化学反应，生成浅蓝色的混合物（一次污染物与二次污染物）称为光化学烟雾。光化学烟雾的表观特征是烟雾弥漫，大气能见度低，一般发生在大气相对湿度较低、气温为24℃~32℃的夏季晴天。光化学烟雾最早在美国的洛杉矶发现，以后陆续出现在世界的其他地区，一般多发生在中纬度（亚热带）汽车高度集中的城市，如蒙特利尔、渥太华、悉尼、东京等。20世纪70年代我国兰州西固石油化工区也出现了光化学烟雾。光化学烟雾成分很复杂，主要成分是臭氧、过氧乙酰硝酸酯（PAN）、大气自由基以及醛、酮等光化学氧化剂。夏季中午前后光线强时，是光化学烟雾形成可能性最大的时段。天空晴朗、高温低湿和有逆温层存在，或地形条件，利于使污染物在地面积聚的情况都易于形成光化学烟雾。

光化学烟雾的危害非常大，烟雾中的甲醛、丙烯醛、PAN、O_3 等可刺激人眼和上呼吸道，诱发各种炎症。臭氧浓度超过嗅觉阈值（0.01~0.015mg/kg）时，会导致人哮喘。臭氧还能伤害植物，使叶片上出现褐色斑点。PAN则能使叶背面呈银灰色或古铜色，影响植物的生长，降低抵抗害虫的能力。此外，PAN和O_3还会使橡胶制品老化、染料褪色，对油漆、涂料、纤维、尼龙制品等造成损害。

8.酸雨

环境科学中将pH<5.6的雨、雪等大气降水统称为酸雨。人类活动，使大量SO_2和NO等酸性氧化物进入大气中，并经过一系列化学作用转化成硫酸和硝酸，随雨水降落到地面，形成酸雨。天然降水中由于溶解了CO_2而会呈现弱酸性，但一般pH不低于5.6，故一般认为是大气中的污染物使降水pH达到5.6以下的，所以酸雨是大气污染的结果。

四、大气污染的危害

（一）对农业生产的危害

农田大气污染对农作物产生危害主要有两种机制：一是气体状污染物通过作物叶片上的气孔进入作物体内，破坏叶片内的叶绿体，影响作物的光合作用、受精过程等，以致影响生长发育，降低产量和改变品质；二是颗粒状污染及含重金属、氯气体，被作物吸附与吸收后，除影响作物生长外，还能残留在农产品中，造成农产品污染，影响食用。对农作物造成危害的大气污染物很多，其中以二氧化硫、氟化物、氟气、一氧化碳、氮肥氧化物和烟尘等危害较大。

1. 二氧化硫是对农业危害最广泛的空气污染物

二氧化硫自古以来作为植物"烟斑"的原因物质对植物产生危害。典型的二氧化硫伤害症状是出现在植物叶片的叶脉间的伤斑，伤斑由漂白引起失绿，逐渐呈棕色坏死。二氧化硫会在环境作用下产生"酸雨"，以降水形式危害农业生产，可以使土壤酸化，土壤微生物死亡，农业建筑受损。

2. 大气中的氟污染主要为氟化氢（HF）

HF 的排放量比二氧化硫小，影响范围也小些，一般只在污染源周围地区，但它对植物的毒害很强，比二氧化硫还要大 10~100 倍。空气中含 ppb 级浓度时，接触几个星期就可使敏感植物受害。氟化氢危害植物的症状与二氧化硫不同：伤斑首先在嫩叶、幼芽上发生；叶上伤斑的部位主要是叶的尖端和边缘，而不是在叶脉间；在被害组织与正常组织交界处，呈现稍浓的褐色或近红色条带，有的植物表现为大量落叶。

3. 光化学烟雾

氧化烟雾是包括臭氧（O_3）、氮氧化物（NOx）、醛类（RCHO）和过氧乙烯基硝酸酯（RAN）等具有强氧化力的大气污染物的总称，又称为光化学烟雾。氧化烟雾中含有 90% 的臭氧，是主要的危害因素，还有 10% 左右的氮氧化物和约 0.6% 的过氧乙酰基硝酸酯类。植物受臭氧危害时，症状一般仅在成叶上发生，嫩叶不易发现可见症状。氮氧化物中，大气污染物主要是二氧化氮、一氧化氮和硝酸雾，以二氧化氮为主，主要来源是汽车排气。二氧化氮危害植物的症状与二氧化硫、臭氧相似，在叶脉间、叶缘出现不规则水渍状伤害，逐渐坏死，变成白色、黄色或褐色斑点。

4. 煤烟粉尘是空气中粉尘的主要成分

工矿企业密集的烟囱和分散在千家万户的炉灶是煤烟粉尘的主要来源。烟尘中大于 $10\mu m$ 的煤粒称为降尘，它常在污染源附近降落，在各种作物的嫩叶、新梢、果实等柔嫩组织上形成污斑。叶片上的降尘能影响光合作用和呼吸作用的正常进行，引起褪色，生长不良，甚至死亡。重金属污染物也主要通过飘尘危害大气，还可通过沉降作用进入土壤，危害土壤生态环境。

其他的大气污染物，例如氯气、一氧化碳、氨、氯化氢等都会对作物产生危害。但由于不是主要的大气污染物，浓度相对较低，故对农业生产的影响较小。

（二）对人体健康的危害

大气污染后，由于污染物质的来源、性质、浓度和持续时间的不同，污染地区的气象条件、地理环境等因素的差别，甚至人的年龄、健康状况的不同，对人均会产生不同的危害。大气污染对人体的影响，首先是感觉上不舒服，随后生理上出现可逆性反应，再进一步出现急性危害症状。大气污染对人的危害大致可分为急性中毒、慢性中毒、致癌三种。

1. 急性中毒

大气中的污染物浓度较低时，通常不会造成人体急性中毒，但在某些特殊条件下，如工厂在生产过程中出现特殊事故，大量有害气体泄漏外排、外界气象条件突变等，便会引起人群的急性中毒。如印度帕博尔农药厂甲基异氰酸酯泄漏，直接危害人体，导致了 2500 人丧生，10 多万人受害。

2. 慢性中毒

大气污染对人体健康慢性毒害作用，主要表现为污染物质在低浓度、长时间连续作用于人体后，出现的患病率升高等现象。近年来我国城市居民肺癌发病率很高，其中最高的是上海市，城市居民呼吸系统疾病明显高于郊区。

3. 致癌作用

这是长期影响的结果，是由于污染物长时间作用于机体，损害体内遗传物质，引起突变，如果生殖细胞发生突变，使后代机体出现各种异常，称致畸作用；如果引起生物体细胞遗传物质和遗传信息发生突然改变作用，又称致突变作用；如果诱发成肿瘤的作用称致癌作用。这里所指的"癌"包括良性肿瘤和恶性肿瘤。环境中致癌物可分为化学性致癌物、物理性致癌物、生物性致癌物等。致癌作用过程相当复杂，一般有引发阶段、促长阶段。能诱发肿瘤的因素，统称致癌因素。由于长期接触环境中致癌因素而引起的肿瘤，称环境瘤。

（三）对大气和气候的影响

大气污染物质还会影响天气和气候。颗粒物使大气能见度降低，减少到达地面的太阳光辐射量。尤其是在大工业城市中，在烟雾不散的情况下，日光比正常情况减少40%。高层大气中的氮氧化物、碳氢化合物和氟氯烃类等污染物使臭氧大量分解，引发的"臭氧洞"问题，成为全球关注的焦点。

从工厂、发电站、汽车、家庭小煤炉中排放到大气中的颗粒物，大多具有水汽凝结核或冻结核的作用。这些微粒能吸附大气中的水汽使之凝成水滴或冰晶，从而改变了该地区原有降水（雨、雪）的情况。人们发现在离大工业城市不远的下风向地区，降水量比四周其他地区要多，这就是所谓"拉波特效应"。如果微粒中央夹带着酸性污染物，那么，在下风地区就可能受到酸雨的侵袭。大气污染除对天气产生不良影响外，对全球气候的影响也逐渐引起人们关注。由大气中二氧化碳浓度升高引发的温室效应，是对全球气候的最主要影响。地球气候变暖会给人类的生态环境带来许多不利影响，人类必须充分认识到这一点。

五、大气污染的防治

从大气污染的发生过程分析，防治大气污染的根本方法，是从污染源着手，通过削减污染物的排放量、促进污染物扩散稀释等措施来保证大气环境质量。但现有的经济技术条件还不能根治污染源，因此，大气环境的保护就需要通过运用各种措施，进行综合防治。目前主要从以下几个方面入手寻求大气污染的控制途径。

（一）采取各种措施，减少污染物的产生

1. 区域采暖和集中供热

家庭炉灶和取暖小锅炉排放大量 SO_2 和烟尘是造成城市大气环境恶化的一个重要原因。城市采取区域采暖，集中供热措施，能够很好地解决这一问题。区域采暖，集中供热的好处表现在：①可以提高锅炉设备效率，降低燃料消耗量，一般可以将锅炉效率从 50%~60% 提高到 80%~90%；②可以充分利用热能，提高热利用率；③有条件采用高效率除尘设备，大大降低粉尘排放量。

2. 改善燃料构成

改善城市燃料构成是大气污染综合防治的一项有效措施。用无烟煤替代烟煤，推广使用清洁的气体、液体燃料，可以使大气中的 SO_2 和烟尘（降尘、飘尘）显著降低。

3. 进行技术更新，改善燃烧过程

解决污染问题的重要途径之一是减少燃烧时的污染物排放量。通过改善燃烧过程，以使燃烧效率尽可能提高，污染物排放尽可能减少。这就需要对旧锅炉、汽车发动机和其他燃烧设备进行技术更新，对旧的燃料加以改革，以便提高热机效率和减少废气排放。

4. 改革生产工艺，综合利用"废气"

通过改革生产工艺，可以力求把一种生产中排出的废气作为另一生产中的原料加以利用，这样就可以达到减少污染物的排放和变废为宝的双重效益。

5. 开发新能源

开发太阳能、水能、风能、地热能、潮汐能、生物能和核聚变能等清洁能源，以减少煤炭、石油的用量。以上新能源多为可再生性能源，在利用过程中不会产生化石能源开采使用的环境问题，是比较清洁的燃料。

（二）合理利用环境自净能力，保护大气环境

1. 搞好总体规划，合理工业布局

大气环境污染在很大程度上是工业排放的污染物造成的，合理工业布局是防治大气污染的一项基本措施，合理工业布局，就是按照不同的环境要求，如人口密度、能源消费密度、气象、地形等条件，安排布置工业发展。如对于风速比较小、静风频率较高、扩散条件较差的地区，不宜发展有害气体和烟尘排放量大的重污染型工业。工业建设项目的布局选址也很重要，在城市、风景区、自然保护区等敏感地区的主导风向上不应建设重污染型工业。这样做可能会制约某些项目投资，但从防治大气污染和

整个社会经济的长远发展来看，是完全必要的。

2. 做好大气环境规划，科学利用大气环境容量

在环境区划的基础上，结合城市建设、总体规划进行城市大气环境功能分区。根据国家对不同功能区的大气环境质量标准，确定环境目标，并计算主要污染物的最大允许排放量。科学利用大气环境容量，就是根据大气自净条件（如稀释扩散、降水洗涤等），定量、定点、定时地向大气中排放污染物，保证大气污染物浓度不超过环境目标的前提下，合理地利用大气环境资源。

3. 选择有利于污染物扩散的排放方式

根据污染物落地浓度随烟囱高度的增加而减少的原理，我们可以通过广泛采用高烟囱和集合烟囱排放来促进污染物扩散，降低污染源附近的污染强度。集合烟囱排放就是将数个排烟设备集中到一个烟囱排放，这样可以提高烟气的温度和出口速度，达到增加烟囱有效高度的目的。这种方法虽可以降低污染物的落地浓度，减轻当地的地面污染，却扩大了排烟范围，不能从根本上解决污染问题，尤其是在酸雨问题日益严重的今天，这种方法只能作为一种权宜之计。

4. 发展绿色植物，增强自净能力

首先，绿色植物能吸收 CO_2 放出 O_2。发展绿色植物，恢复和扩大森林面积，可以起到固碳作用，从而降低大气 CO_2 含量，减弱温室效应。除此之外，绿色植物还可以过滤吸附大气颗粒物、吸收有毒有害气体，起到净化大气的作用。研究表明，$1h\ m^2$ 的林木可以有相当于 $75h\ m^2$ 的叶面积，其吸附烟灰尘埃的能力相当大。就吸收有毒气体而言，阔叶林强于针叶林，而落叶阔叶林一般又比常绿阔叶林强，垂柳、悬铃木、夹竹桃等对二氧化硫有较强的吸收能力，而泡桐、梧桐、女贞等树木具有较强的抗氟能力，禾本科草类可吸收大量的氟化物。

城市绿化不仅可以净化大气，还可以调节温度、湿度，调节城市的小气候。在大片绿化带与非绿地之间，因温度差异，在天气晴放时可以形成局地环流，有利于大气污染物的扩散。国内外都在大力研究筛选各种对大气污染物有较强抵抗和吸收能力的绿色植物，以及绿化布局对空气净化作用的影响。同时努力扩大绿化面积，改善居住环境。

（三）加强大气管理

大气污染物总量控制也是一种行政手段，它是从大气环境功能区划分和功能区环境质量目标出发，然后考虑排污源与功能区大气质量间的关系，通过区域协调，统筹分配允许排放量，把排入特定区域的污染物总量控制在一定的范围内，以实现预定的环境目标。运用经济方法管理环境，是按照经济规律办事的客观要求，充分利用价格、利润、信贷、税收等经济杠杆的作用，来调整各方面的环境关系，凡是造成污染危害

的单位，都要承担治理污染的责任，对向大气环境排放污染物或超过国家标准排放的企业，根据超标排放的数量和浓度，按规定征收排污费。

大气环境技术管理是通过制定技术标准、技术政策、技术发展方向和生产工艺等进行环境管理，限制损坏大气环境质量的生产技术活动，鼓励开发无公害生产工艺技术。开展农田大气污染监测，制定实施农田大气环境质量标准，通过监测及时掌握污染动态，采取相应措施，从而减少污染危害；加强田间管理，合理施肥，提高作物抗污染能力。在作物上喷洒某些化学物质可以减轻污染危害。如喷石灰乳液可减轻二氧化硫和氟化氢的危害。

总之，大气污染是一个复杂的并涉及多方面的环境问题，这些因素除了植物本身外，还有气候的、土壤的、污染物本身性质的，以及公众的环境意识等。大气污染与农业生产息息相关，关系到一个国家的稳定与健康发展。目前，虽然有很多治理农田大气污染的方法、措施，但都不够系统，效果不尽如人意。从根本上说，防治大气污染，还得从人们的环保意识和对新能源的开发着手，同时秉承可持续发展理论，才能从本质上解决问题。

第二节　乡村水资源环境问题

水是生命之源，生存之本，生态之魂。与城市相比农村的水环境问题更为复杂多样。本书将主要从农村饮用水安全、农业面源污染以及污水资源化利用三个方面着手，分析农村饮用水存在的问题，阐述农村农业面源污染的特点以及对水环境的影响，提出污水资源化的途径。

一、农村饮用水安全

（一）农村饮用水安全的概念

什么是安全的水？不同国家的政府制定着不同的安全饮用水标准，同一个国家政府制定的安全饮用水标准也会随着社会经济的发展而变化。《1998 年世界发展指标》认为，安全的水是指经过处理的地表水和未经处理但被污染的水，如泉水、安全的井水和得到保护的钻孔水。在农村地区，安全的水意味着家庭成员每天不必为取水而花费过多的时间。足够数量安全的水是指能够满足新陈代谢、卫生和家庭需要的量，通常为每人每天 20 升。

我国制定的农村饮用水安全卫生评价指标体系将农村饮用水安全分为安全和基本安全两个档次，由水质、水量、方便程度和保证率四项指标组成。四项指标中只要有一项低于安全或基本安全最低值，就不能定为饮用水安全或基本安全。

水质：符合国家《生活饮用水卫生标准》要求的为安全；符合《农村实施〈生活饮用水卫生标准〉准则》要求的为基本安全。低于《农村实施〈生活饮用水卫生标准〉准则》要求的为不安全。目前，我国对于农村饮用水不安全主要从氟超标、砷超标、苦咸水、污染水等几个方面来判断。

水量：每人每天可获得的水量不低于 40 升的为安全，不低于 20 升的为基本安全。常年水量不足的，属于农村饮用水不安全。在我国，根据气候特点、地形、水资源条件和生活习惯，将全国划分为 5 个类型区，不同地区的安全饮用水量标准有所不同。安全饮用水水量标准从一区到五区分别是每人每天 40 升、45 升、50 升、55 升、60 升。基本安全饮用水水量标准从一区到五区分别是每人每天 20 升、25 升、30 升、35 升、40 升。

方便程度：人力取水往返时间不超过 10 分钟的为安全，取水往返时间不超过 20 分钟的为基本安全。多数居民需要远距离挑水或拉水，人力取水往返时间超过 20 分钟，大体相当于水平距离 800 米，或垂直高差 80 米的情况，即可认为用水方便程度低。

保证率：供水保证率不低于 95% 的为安全，不低于 90% 的为基本安全。

（二）我国农村饮用水安全总体状况

在我国 9 亿多农村人口中，仍有 3 亿多人口饮用水达不到安全标准。根据国家发改委和水利部、卫生部组织的全国农村饮水安全现状调查评估结果，全国农村饮水不安全人口 3.23 亿，占农村人口的 34%。其中饮水水质不安全的有 2.27 亿人，占全国农村饮水不安全人口的 70%，其他 30% 为水量、方便程度或保证率不达标人口。在饮水水质不安全人口中，饮用水氟砷含量超标的有 5370 万人，占水质不安全人口的 23%；饮用苦咸水的有 3850 万人，占水质不安全人口的 17%；饮用水中铁锰等超标的有 4410 万人，占水质不安全人口的 19%；饮用水源被严重污染涉及人口 9080 万人，占水质不安全人口的 40%。

从分布来看，农村饮用高氟水人口主要分布在华北、西北、华东地区，80% 的高氟水人口分布在长江以北。长期饮用高氟水，可引起地方性氟中毒，出现氟斑牙和氟骨症，重者造成骨质疏松、骨变形，甚至瘫痪，最终丧失劳动能力。农村饮用高砷水人口主要分布在内蒙古、山西、新疆、宁夏和吉林等地。长期饮用砷超标的水可以造成砷中毒，导致皮肤癌和多种内脏器官癌变。农村饮用苦咸水人口主要分布在长江以北的华北、西北、华东等地区。长期饮用苦咸水导致胃肠功能紊乱、免疫力低下、诱发和加重心脑血管疾病。

农村饮用污染地表水的人口主要分布在南方，饮用污染地下水的人口主要分布在华北、中南地区。饮用水源污染造成致病微生物及其他有害物质含量严重超标易导致疾病流行，有的地方还因此暴发伤寒、副伤寒以及霍乱等重大传染病，个别地区癌症发病率居高不下。

近年来我国南方局部地区血吸虫病疫情有回升的趋势，疫区群众因生产和生活需要频繁接触含有血吸虫尾蚴的疫水，造成反复感染发病，严重威胁人民群众的身体健康和生命安全。

过去，环保工作的重点一直在大中城市，而忽视了占全国总面积近90%的农村，致使农村环境问题日益恶化，特别是水环境。2006—2007年，全国爱卫会与卫生部联合组织的全国首次农村饮用水与环境卫生调查结果表明：我国农村饮用水的水源以地下水为主，饮用地下水的人口占74.87%，饮用地表水的人口占25.13%；饮用集中式供水的人口占55.10%，饮用分散式供水的占44.90%。根据《生活饮用水卫生标准》GB5749—2006作为评价标准。这次调查水样中未达到基本卫生安全的超标率是44.36%；地面水超标率为40.44%，地下水超标率为45.94%；集中式供水超标率为40.83%。农村饮用水污染指标主要是微生物，饮水中因细菌总数和总大肠菌群所引起的水质超标率为25.92%；集中式供水中有消毒设备的仅占29.18%，分散式供水基本直接采用原水。

据相关部门测算，全国农村每年生活垃圾产生量约为2.8亿吨，生活污水90多亿吨，人粪尿年产生量2.6亿吨，而这些污染物绝大多数没有处理，直接排放至环境中，对农村饮用水造成严重的安全隐患。

在我国，部分农村地区的饮用水安全问题比城市饮用水安全问题更为严峻和突出，特别是中西部地区和贫困地区。这主要与农村人口分布松散、生活习惯不同等特征有关，也与城乡社会经济发展不平衡、城市和农村供水成本不同等原因有关。这样一些特点，使解决农村饮用水安全的问题面临很大困难。据相关资料统计，我国的淡水资源使用总量为4600亿立方米，占淡水资源总量的16.4%。其中，农业用水量占了87%，工业用水量占了7%，生活用水量占6%。《1998年世界发展指标》指出，我国获得安全饮用水的人口占城市人口的93%，占农村人口的89%。总计，同年我国使用安全饮用水的人口占全国总人口的90%。

随着社会的发展和进步，人们对安全饮用水要求标准的提高，同时由于污染等造成的原本安全的饮用水现在变得不安全等，我国现在还有3亿多人口的饮用水不安全。有资料表明，截至2004年，我国还有33%的村庄没有合格的饮用水，自来水通村率也不到50%。

在我国贫困地区的农村饮用水安全问题更为突出。《2004年中国农村贫困监测报告》显示，2003年，我国贫困地区有18%的农户饮用水困难，14.1%的农户饮用水水源被污染，37.3%的农户没有安全饮用水（除去水源被污染和取水困难的农户）。按饮用水水源分，饮用自来水的农户占全部农户的32.2%，饮用深井水的农户占全部农户的 20.9%，饮用浅井水的农户占全部农户的 24.9%，直接饮用江河湖泊水的农户占全部农户的 6.9%，直接饮用塘水的农户占全部农户的 2.3%，直接饮用其他水源的农户占全部农户的 12.7%。在前三种水源中，去掉水源被污染和取水困难的农户，实际上有安全饮用水的农户占比例更小。

（三）农村饮用水安全管理中存在的问题

1. 饮水安全意识较差

由于长期城乡二元结构，我国城乡的差距在过去 30 年不但没有缩小，在一些地区反而越来越大，部分地区的一些领导对农村饮用水安全问题的严峻形势认识不足；文化知识层次较低的广大农民的饮用水安全意识就更差。

2. 生活饮用水安全的法律、法规分散且不健全

饮用水安全是最大的民生问题。目前，为了确保老百姓能喝上清洁安全的饮用水，我国先后制定了一些相关的法律法规，但有关生活饮用水的法律法规分散在环保、卫生、建设等法律法规中，执行主体多样，基本上各行其是，形成"群龙不治水"的被动局面。

3. 饮水安全资金投入不足

农村改水是一项政策性强、涉及面广的社会系统工作，建设项目多，需要的资金投入量巨大，资金短缺一直是影响农村改水工程建设的一个主要原因。

4. 农村饮用水源水质监测与科研基础薄弱

饮用水安全需要长期进行动态监测，而目前我国针对农村饮用水源地的水质监测基本上还是空白，尤其是采用地下水作为饮用水的农村更是缺乏水质监管。因为在广大农村地区，由于水源地分散、规模小，水质水量不稳定，开展例行监测工作难度很大，从目前农村的实际情况来看，还不具备开展农村饮水安全监测的能力。就国家层面而言对农村饮用水源开展的相关科研工作较少，没有针对饮用水源开展过系统全面的调查研究与分析评价，也没有针对农村饮水存在的主要问题开展系统的研究。

（四）保障农村饮水安全的对策

1. 注重解决农村饮用水存在的安全隐患

这主要指两方面：一是农村饮用水面临着工业污染，主要是工业企业排出来的没有经过处理的废水和废渣，直接渗入地下水源或直接排入农民直接饮用的塘水、河水或溪水等水源中，从而对水源造成污染。二是农村饮用水面临着农民生产和生活污染。农民因为使用化肥、农药等从事农业生产而间接对地下水源造成污染；饲养各种禽畜产生的粪便、垃圾等因为不能及时和正确处理而对水源产生污染。同时，生活废弃物等也对水源产生污染。

政府在加强农村饮用水安全管理的同时，应注意加强对水源水质的监测。加强农

村卫生设施建设，控制和正确处理农村饮用水污染源，为农村饮用水的长远安全提供保障。政府要加大对工业企业项目的环境影响力评价力度，对存在饮用水污染的企业、项目要严格控制，甚至不审批、不上马，要坚决避免"一边治理，一边污染"的情况。

2. 多方筹集资金来解决农村饮用水安全问题

资金不足是农村各项公共事业发展的瓶颈之一。解决农村饮用水安全问题，需要政府的大量投入，这是主渠道。作为安全饮用水的受益主体，农民、村集体经济组织、企业也要贡献自己的一份力量。同时，还要发挥一些非政府组织、国际机构的力量。只有各方合力，才能将农村饮用水安全问题彻底解决。

3. 因地制宜地解决农村饮用水安全问题

我国地域广阔，水资源分布不均衡，各地农村饮用水水源、提水方式、用水量、水质、便利情况等均不同。因此，政府要因地制宜、因势利导，既要加强引导、宣传、维护和管理，又要加强财政投入，同时也要发挥村民、社区的积极性，保障农民喝上放心的水。可见，各地情况不同，解决农村饮用水安全问题也要因地制宜。

4. 政府要加大对农村饮用水安全重要性的宣传力度

一方面，要加强政府内部对农村饮用水安全重要性的认识。将饮用水安全管理问题作为考核地方政府工作业绩的内容之一，使各级领导认识到饮用水安全是关系到人民身体健康、社会稳定，关系到农村发展、全面建设小康社会和基本实现现代化的大事。另一方面，要加强对农民的宣传，使每个人都认识到保护饮用水安全与自身利益的重要相关性，自觉参与到维护饮用水安全的行动中。

5. 增加科技经费投入，加强农村饮用水安全技术与产品的研发

保障农村饮用水安全是一个系统工程，特别是污染的控制和水源的净化专业性强、技术难度大，这就需要科技部门增加相应的经费投入，针对农村饮用水不达标的共性关键技术组织联合攻关与产品开发，当前应优先解决高氟水、高砷水的净化技术产品研发以及微生物超标饮用水的处理与深度净化技术。

二、农村农业面源污染

（一）农业面源污染的概念与特点

1. 农业面源污染的概念

农业面源污染指的是农业生产中，氮和磷等营养物质、农药及其他有机或无机污染物，通过农田地表径流和农田渗漏，形成对水环境的污染。

2. 农业面源污染的特点

农业面源污染起因于土壤的扰动而引起农田中的土粒、氮和磷、农药及其他有机或无机污染物质，在降雨或灌溉过程中，借助农田地表径流、农田排水和地下渗漏等

途径大量进入水体，或因畜禽养殖业的任意排污直接造成水体污染。其特点表现如下。

（1）分散性和隐蔽性

与点源污染的集中性相反，面源污染具有分散性的特征。土地利用状况、地形、地貌、水文特征等的不同导致面源污染在空间上的不均匀性。排放的分散性导致其地理边界和空间位置不易识别。

（2）随机性和不确定性

大多数农田面源污染涉及随机变量和随机影响。区分进入污染系统中的随机变量和不确定性对非点源污染的研究是很重要的。例如，农作物的生产会受到自然（天气等）的影响，因为降雨量的大小和密度、温度、湿度的变化会直接影响化学制品（农药和化肥等）对水体的污染情况。此外，污染源的分散性导致污染物排放的分散性，因此其空间位置和涉及范围不易确定。

（3）广泛性和不易监测性

面源污染涉及多个污染者，在给定的区域内它们的排放是相互交叉的，加之不同的地理、气象、水文条件对污染物的迁移转化影响很大，因此很难具体监测到单个污染者的排放量。严格地讲，面源污染并非不能具体识别和监测，而是信息和管理成本过高。近年来，运用遥感（RS）、地理信息系统（GIS）可以对非点源污染进行模型化描述和模拟，为其监控、预测和检验提供有力的数据支持。

（二）农业面源污染的来源与构成

在农业面源污染的诸多来源中，化学肥料、化学农药、畜禽粪便及养殖废弃物、没有得到综合利用的农作物秸秆、农膜和地膜、生产和生活产生的污水等都是造成污染的重要因素。

1.肥料污染

目前，中国是化肥生产和消费的第一大国。我国化肥平均施用量高达400千克／公顷，远超过发达国家225千克／公顷的安全上限。在肥料配比上，全国氮、磷、钾的比例平均为1.00∶0.45∶0.17，氮肥用量偏高、重化肥、轻有机肥，造成土壤酸化、地力下降等后果；我国氮肥平均利用率约为35%，大约相当于发达国家的1/2，剩余部分除以氨和氮氧化物的形态进入大气外，其余大都随降水和灌溉进入水体，导致相当一部分地区生产的蔬菜和水果中的硝酸盐等有害物质残留量超标，直接威胁到人们的身体健康。不合理施用过量化学肥料，导致地下水和江河湖泊中氮、磷物质含量增高，造成水体富营养化。2007年5月以来，太湖水体中氮、磷含量剧增，使太湖呈全湖性的富营养化趋势，这为藻类生长提供了条件，诸多因素导致蓝藻再次爆发，严重影响到无锡市饮用水源地水质。水体富营养化，引起赤潮频发。据统计，2001年我国海域共发生赤潮77次，累计影响面积达1.5万公顷，浙江省2007年4月11日—5月19日，发生 6 次赤潮，这一"海上幽灵"的频繁发生，已对环境构成威胁。

2. 农药污染

目前，我国每年的农药用量在 260 吨以上，其中，杀虫剂 70 吨、杀菌剂 26 吨、除草剂 170 吨以上。农药在各环境要素中循环，并重新分布，污染范围极大扩散，导致全球大气、水体（包括地表水和地下水）、土壤及生物体内都含有农药及其残留。一般来讲，只有 10%~20% 的农药附着在农作物上，而 80%~90% 则流失在土壤、水体和空气中。被土壤吸收的农药一部分渗入植物体内被人或动物摄取；另一部分除挥发和径流损失外，也可被农作物直接吸收并残留于体内，造成残留化学农药污染。农药污染途径是直接水体施药（水产养殖业）、农田用药随雨水或灌溉水向水体迁移、农药企业废水排放、大气中飘移的农药随降雨进入水体、农药使用时的雾滴或粉尘微粒随风飘移沉降在水中，在灌水与降水等淋溶作用下污染地下水。1992 年太湖流域耕地农药用量为 8.072 千克/公顷，是全国平均用药水平的 3.572 倍。按流失率 80% 计算，则 1 公顷耕地每年就会有 6.4 千克农药流失到土壤、水和空气中。农药污染也是当前滇池重要的农业面源污染之一。农药污染不仅影响农产品品质，对人类的健康亦有威胁。

3. 集约化畜禽养殖场污染

随着人民生活水平的不断提高，畜牧业和水产养殖业发展迅速，特别是集约化规模养殖场的涌现，产生了畜禽粪便污染问题，水产养殖业造成鱼类粪便、馆料沉淀污染和肥料污染，最终污染水体。根据推算，1988 年全国畜禽粪便的产生量为 18.84 亿吨，是当年工业固废量的 3.4 倍，1995 年已达 24.85 亿吨，约为当年工业固废量的 3.9 倍。畜禽粪便主要污染物 COD、BOD、NH_4^+、N、TP、TN 的流失量逐年增加，到 2010 年，其流失量分别达 728.26 万吨、498.83 万吨、132.20 万吨、41.95 万吨和 345.50 万吨，其中总氮和总磷的流失量超过化肥的流失量。畜禽污水是造成水体富营养化的重要原因。有关资料显示，养殖 1 头牛产生并排放的废水超过 22 人的生活和生产废水，养殖 1 头猪产生的污水相当于 7 人的生活产生的污水。未经处理把废弃物直接排入水系或农田，会造成地下水溶解氧含量减少，水质中有毒成分增多，水质恶化，严重时水体会发黑变臭，最终失去使用价值。

4. 农用塑料地膜污染

由于地膜增产效益明显，农民又希望其价格越低越好，一些厂商为了迎合农民的心理，生产厚度远低于国家标准的地膜，其强度差、易破损，造成碎片残留，且不易回收。据统计，我国农膜年残留量高达 35 万吨，残膜率达 42%，有近 1/2 的农膜残留在土壤中；覆膜 5 年的农田农膜残留量可达 78 千克/公顷，目前我国有 670 万公顷覆盖地膜的农田污染状况日趋严重。农膜的大量使用固然带来了巨大的经济效益，但也给农田土壤带来了"白色污染"。农膜属于有机高分子化学聚合物，在土壤中不易降解，残留于土壤中会破坏耕层结构，影响土壤通气和水肥传导，对农作物生长发育不利，即使降解也会释放有害物质,逐年在土壤中积累,对生态环境造成破坏。农膜中所含的联苯酚、邻苯二甲酸酯等还会对农产品带来污染,危害人类健康。

5. 农业废弃物和农村生活垃圾污染

我国每年产生 6.5 亿吨秸秆,约有 2/3 被无谓焚烧或变成有机污染物。2000 年我国农业源排放的甲烷占全国排放总量的 80%,氧化亚氮占 90% 以上。现在我国大部分农村地区采用焚烧来处理秸秆,既浪费资源又污染环境。焚烧稻秆产生的烟雾会对人体健康产生威胁,同时造成空气能见度降低,影响交通安全。我国的生活垃圾数量巨大,按 3 亿城镇人口,每人产生 1.0 千克 / 天计,9 亿农村人口,每人产生 0.5 千克 / 天计,共产生生活垃圾 75 万吨 / 天,全国每年合计增加生活垃圾 27375 万吨。农村的生活垃圾基本不进行处理,农民随意倾倒垃圾的现象严重,尤其在河道两旁,造成了水体污染。大量生活垃圾的产生和积累,加剧了农村生态环境的恶化,成为农村面源污染的来源之一。

(三)农业面源污染的预防与控制

1. 完善法律法规,加强监管

各级政府应把治理农业面源污染提到议事日程,通过制定相关政策和法规,加强管理,推进农用化学物质的合理利用,控制农药、化肥中对环境有长期影响的有害物质的含量,控制规模化养殖畜禽粪便的排放。建立健全面源污染的检测、研究机制,为更有效地防治面源污染提供科学的理论依据。实现农业生产发展、农民增收与农业环境保护的"三赢"。

2. 加大宣传力度,增强环保意识

基层农技推广人员及广大农民普遍对能产生面源污染的隐性污染源问题缺乏足够认识,这是防治农业面源污染的最大障碍。通过加大宣传力度,提高人们,特别是广大农民对面源污染的认识,引导农民科学种田、科学施肥、喷洒农药等,尽量减少由于农事活动的不科学而造成的资源浪费和环境中的残余污染物。

3. 推进农用化学物质的合理利用

规范农药、化肥、农膜等可产生污染的化学物质的应用种类、数量和方法。严格农药登记管理,调整农药产品结构,开发、推广应用高效、低毒、低残留农药新品种,推广农药减量增效综合配套技术,组织开展生物防治,推广使用生物农药,全面停止使用高毒、高残留农药;采取化学生物物理措施综合防治作物病虫害。大力推广测土配方施肥技术;推行平衡施肥技术,改善化肥施用结构,调配各元素营养比例,改变氮、磷、钾比例失调或营养单调的局面;研究应用合理的耕作制度,提高化肥利用率,减少化肥流失;扶持作物专用肥、复合配方肥等优质、高效肥料产品的应用。加强破废地膜的回收与管理,防止破废地膜在土壤中积累;加快可降解地膜的研究开发和应

用生产速度。

4.实现畜禽排泄物资源化利用、减量化处置

合理规划畜禽养殖规模和布局，妥善处理大中型禽畜养殖场粪便，开发研究或引进先进的禽畜排泄物综合利用技术与设备，加工成高效有机肥或转化为沼气等，促进废弃物的资源化、多样化综合利用。对规模化养殖业制定相应的法律法规，提倡"清污分流，粪尿分离"的处理方法。在粪便利用和污染治理以前，采取各种措施，削减污染物的排放总量。

三、污水资源化利用

（一）水资源分布与农业用水短缺

水资源是自然环境的基础，是维持生态系统的控制性要素，同时又是战略性经济资源，为综合国力的有机组成部分。我国水资源总量为28124亿立方米，次于巴西、俄罗斯、加拿大、美国和印度尼西亚，居世界第6位。但人均水资源占有量只有2200立方米，仅为世界人均水资源量平均值的1/3左右，居世界第121位，为世界上13个贫水国家之一。

受季风气候的影响，我国水资源的空间分布极不均匀，总体上由东南沿海向西北内陆逐渐减少，北方地区水资源贫乏，南方地区水资源相对丰富。

灌溉在我国农业生产中历来占有重要的地位。发展灌溉农业，离不开水资源。水资源的分布不均和人均水资源占有量的不足导致农业用水短缺，且随着工业化、城市化进程的加快，水资源"农转非"成为必然，缺水、水污染和农业用水效率偏低等问题相互交织，水资源危机已成为我国农业持续发展的重要制约因素。在农业生产中利用污水进行灌溉在我国就变得很普遍，污水灌溉成为缓解农业水资源紧缺的重要途径。

（二）污水灌溉的经济社会效益

对污水进行适当的处理，科学合理地将污水资源运用于农业灌溉，可以带来较大的社会经济效益。

1.缓解水资源短缺

随着社会经济的快速发展，各类需水量在飞速增加。农业灌溉水资源日益短缺，严重制约了我国农业的快速与健康发展。与此同时，工业和城市生活所排放的污水量也相当巨大，利用污水灌溉农田可以在一定程度上缓解目前灌溉水资源短缺的严峻局面。

2.消除污染，改善环境

各类农作物、土壤中的微生物以及土壤本身对污水都有一定程度的净化能力。因此在污水灌溉的同时，农田对这些污水也进行了物理、化学以及生物净化，降低了污

水直接排放或污水处理程度不够而引起水体严重污染的可能性，改善了生态环境。

3. 提高土壤肥力

污水中通常含有大量农作物生长所需要的营养物质，合理使用污水并充分利用其中的营养物质，可以提高土壤肥力，改善土壤的物理化学性质，促进植物生长，从而减少化肥使用量，削减农田投资，增加农民收入。

4. 降低污水处理成本

经过氧化塘、氧化沟等二级处理后的污水进入农田后，农田会对这些污水进行更深层次的物理、化学以及生物净化，这一过程相当于更高级别的污水净化处理，减少污水处理的级数和复杂程度，从而降低污水处理成本。

5. 增加粮食产量

把大量的污水回用于农业，充分利用大量污水资源，保证和发展农业灌溉，从而增加我们国家的粮食产量。

（三）污水灌溉的环境与健康风险

1. 污水灌溉对土壤环境质量的影响

土壤是天然的净化器，土体通过对各种污染物的机械吸收、阻留，土壤胶体的理化吸附、土壤溶液的溶解稀释、土壤中微生物的分解及利用，发生物理和生物化学作用，大部分有毒物质会分解、毒性降低或转化为无毒物质，有机物为作物生长发育所利用。但是土壤的净化和缓冲能力是有限度的，长期引用未经任何处理的不符合标准的污水灌溉农田，土壤中的有机污染物及重金属含量超过了土壤吸持和作物吸收能力，必然造成土壤污染，出现土壤板结、肥力下降、土壤的结构和功能失调，使土壤生态系统平衡受到破坏，引起土壤环境恶化，土壤生物群落结构衰退、多样性下降，产生生态环境问题。

2. 污水灌溉对作物品质与安全性的影响

关于污灌对农作物品质的影响，目前看法不一，一种认为污灌降低了麦稻蛋白质含量，而且随着污灌年限的增加，麦稻品质逐年下降；另一种看法是，在一般情况下污水灌溉后粮食内蛋白质增加。只有在田间管理不当或污水水质较差的情况下可能引起蛋白质下降。有研究表明，污水灌溉对冬小麦茎叶的生长发育有一定的促进作用，并能使产量提高 17.6%~31.1%。还有研究认为生活污水对大白菜和菠菜的生长、品质以及养分吸收没有明显的负面影响。此外有些研究显示，灌水量、灌溉水质、施肥量对冬小麦株高的影响很小。

在安全性方面，污水灌溉会在作物体内形成重金属残留。比如，污水灌溉后白菜叶子和根中重金属含量明显大于一般水灌溉白菜叶子和根中重金属含量。人体健康就会因为食用这些重金属残留作物而受到威胁。

3. 污水灌溉对地下水环境质量的影响

从以往的资料来看，污灌区地下水中硝酸盐和硬度有所升高。这是由于不科学的污水灌溉再加上大量使用化肥，地下水的总硬度、含盐量逐渐增加，特别是地下水中 NO_3^- 含量的增加，使污灌区地下水污染问题越来越严重。虽然水土系统中的反硝化作用会降解一部分 NO_3^-，但是污水灌溉对地下水的 NO_3^- 污染应当引起重视。由于污水中的高 NO_3^- 含量，污水灌溉首先会使 NO_3^- 在土壤中累积，并有可能通过淋溶土壤中的 NO_3^- 而污染地下水。

刘凌在徐州汉王实验基地进行了含氮污水灌溉实验研究，得出：（1）污水灌溉对下层土壤及地下水中 NH_4^+ 浓度影响较小，大多数 NH_4^+ 将被上层土壤吸附、转化。（2）污水灌溉对土壤水及地下水中 NO_3^- 浓度影响较大，尤其是长期进行污灌的土壤，易造成地下水中 NO_3^- 污染。一般地，污水中的 NH_4^+ 含量较高。污水灌溉到土壤后，水中的 NH_4^+ 将与土壤胶体表面的 Ca^{2+}、Mg^{2+} 发生离子交换反应，结果造成地下水硬度升高和土壤含氮量的增加。另外，土壤中的 NH_4^+ 离子会发生硝化作用，其最终产物 NO_3^- 会在短期内加重地下水的污染。

污水灌溉增加了地下水硬度，这是因为城市生活污水和工业废水中含有高浓度的 Na^+ 离子，在迁移过程中，能将土壤或含水层中吸附的 Ca^{2+}、Mg^{2+} 置换出来，从而造成地下水硬度的增高。

4. 污水灌溉对灌区人群健康的风险

污水灌溉对人体健康的影响通过三条途径：一是污水灌溉造成土壤污染，特别是土壤的重金属污染，进而污染农作物，通过食物链进入人体内累积衍生多种慢性疾病。二是污水灌溉导致地下水或河水污染，通过食用生活饮用水或水产品产生疾病，如日本的"水俣病"。三是用污水灌溉时，会产生硫化氢等有害气体，而且污水中还携带病菌和寄生虫等，这些对周围环境产生直接影响。如在很多污灌区周围的生活区都有流行病的发生。

第三节　乡村生活污水的处理和利用

我国农村污水普遍缺乏有效处治，全国农村每年产生 80 多亿吨生活污水，却有 96% 的村庄没有污水处理系统及排污设施，生产和生活污水随意排放。由于农村人口数量多、居住分散，没有相关的污水收集和处理设施，大量生产和生活废水未经处理直接排放，不仅对当地的生态环境造成破坏，也对河流水库水体造成了严重污染，导致了许多水污染事件。本节分析农村生活污水的排污特征，提出农村生活污水的处理技术与利用模式。

一、农村生活污水的排污特征

我国长期的城乡二元结构导致在污水处理方面城乡之间差别显著：在城市，污水不但有完善的收集、处理技术和设施，而且国家颁布系统的法律法规和标准加以控制；而占全国总面积近90%的广大农村，96%的村庄没有排水渠道和污水处理系统。农村生活污水中大量的污染物质加重受纳水体的污染，造成水体水质恶化，特别是污水中含有大量氮、磷，会使水体富营养化，这个问题引起了人们普遍关注。

当前，我国农村水环境的现状与建设社会主义新农村、构建和谐社会的要求不相适应，并已成为农村经济社会可持续发展的制约因素。农村环境问题已引起党中央、国务院及社会各界的高度重视和广泛关注，全国各地兴起了农村水环境治理的高潮。

农村生活污水主要为居民生活过程中冲厕污水、洗衣、洗米、洗菜、洗浴和厨房污水等。由于农村的特殊性，一般没有固定的污水排放口，排放比较分散，其污水的水质、水量、排放方式有自身特点。

（一）水量、水质特点

1. 分散、面广。厨房炊事用水、沐浴、洗涤用水和冲洗厕所用水，这些用水分散，农村没有任何收集的设施，随着雨水的冲刷，随着地表流入河流、湖沼、沟渠、池塘、水库等地表水体、土壤水和地下水体。

2. 变化系数大。居民生活规律相近，导致农村生活污水排放量早晚比白天大，夜间排水量小，甚至可能出现断流，水量变化明显，即污水排放呈不连续状态，具有变化幅度大的特点。

3. 量大。根据2006年的数据，农村地区生活污水排放量为80亿吨。

4. 大部分农村生活污水性质相差不大。一般BOD，≤250毫克/升，CODcr≤500毫克/升，pH值在6~8，SS≤500毫克/升，色度（稀释倍数）≤100，水中基本上不含重金属和有毒有害物质，含一定量的氮和磷、水质波动大，可生化性好。

5. 含有多种病原体，危害人体健康。

（二）排水体制特点

目前农村一般无完善的污水排放系统，部分靠近城市、经济发达的农村建有合流制排水管网；一些村庄利用自然沟或泄洪渠铺设简易的排水管渠，污水就近排入各沟渠；大部分农村的污水任意流淌，无排水系统；自然村落布局零乱，排污口分布散乱。据调查，北京、西北地区（甘肃和宁夏）、华北地区（山东和河北）、山西、新疆农村分别有20%、58%、23%、2%及30%的农户生活污水自由流淌，山西89%的农户将污水排入户外水沟。

（三）地区差异较大

我国地域发展不平衡，不同地域间农村的经济水平、地理位置、气候等差别较大，加之农村长期以来形成的居住方式、生活习惯等方面的差异较大，导致水污染情况不同。

二、农村生活污水的处理技术

（一）农村生活污水处理现状

长期以来，经济相对落后的农村村镇的污水处理工作没有得到应有的重视，除某些水源保护区的农村有简单的污水处理装置外，绝大部分处于放任自流状态。国内对农村生活污水的治理随着三河、三湖污染的加重才刚刚兴起，但农村生活污水治理工程较少，很多处理技术也仅仅处在示范研究阶段。目前农村生活污水的治理存在许多难点：基建投资以及运行费用较大；农村经济实力以及技术力量很难满足常规城市生活污水处理厂技术要求；生态环境意识淡薄，对农村生活污水治理工作的必要性缺乏了解与重视；农村都没有完善的污水管网；专门针对农村污水的相应的规定和管理制度不够健全。因此，急需开发高效、低能耗、低成本的污水资源化技术，引进适合我国国情的国外发达国家的先进技术与工艺，解决农村生活污水污染问题。

（二）农村生活污水处理技术分类

1. 生态处理技术

污水生态技术是指运用生态学原理，采用工程学手段，把污水有控制地投配到土地上，利用土壤 - 植物 - 微生物复合系统的物理、化学等特征对污水中的水、肥资源加以回收利用，对污水中可降解污染物进行净化的工艺技术，是污水治理与水资源利用相结合的方法。污水生态处理技术以土地处理方法为基础，是污水土地处理系统的进一步发展。以土壤介质的净化作用为核心，在技术上特别强调在污水污染成分处理过程中植物—微生物共存体系与处理环境或介质的相互关系，特别注意对生态因子的优化与调控。

污水生态处理体系根据处理目标和处理对象的不同，土地处理系统可以分为快速渗滤生态处理系统（RF-ETS）、慢速渗滤生态处理系统（SF-ETS）、湿地生态处理系统（W-ETS）、地表漫流生态处理系统（OF-ETS）、地下渗滤生态处理系统（SI-ETS）五种类型。

（1）快速渗滤生态处理系统（RF-ETS）

快速渗滤生态处理系统（Rapid Filtering Eco-Treat-ment System，RF-ETS），其定义为有控制地将污水投放于渗透性能较好的土地表面，使其在向下渗透的过程中由于生物氧化、硝化、反硝化、过滤、沉淀、氧化和还原等一系列作用，最终达到净化污水的目的。在快速渗滤系统运行中，污水是周期地向渗滤田灌水和休灌，使表层土壤处于淹水/干燥，即厌氧、好氧交替运行状态。在休灌期，表层土壤恢复好氧状态，在这里产生强力的好氧降解反应，被土壤层截留的有机物为微生物所分解，休灌期土壤层脱水干化有利于下一个灌水周期水的下渗和排除。在土壤层形成的厌氧、好氧交替运行状态有利于氮、磷的去除。

RF-ETS 已经成为我国污水土地处理系统的重要组成部分，这种系统是成功的和经济有效的污水处理方法，它与常规的二级生化污水处理系统相比，具有处理效果好、可以解决出水排入地表水体而产生富营养化的问题以及基建投资和运行费用低等优点，适用于大、中城市市政污水管网不能达到的区域及中、小城镇居民点等地区，作为城市污水集中处理的辅助措施或工矿企业和事业单位污水排放口及乡镇生活污水等小规模污水的分散治理，有着广阔的应用前景。

RF-ETS 系统的主要工艺特征有以下几个方面：①预处理，一般处理用于限制公众接触的隔离地区，二级处理用于控制公众接触的地区。②水量调节与储存系统在冬季往往需降低负荷运行。另外在渗滤池维修时也要考虑储存部分污水，可通过冬季增加系统面积的方法来解决。③土壤植物系统。适用于 RF-ETS 系统的场地条件为：土层厚度 > 1.5 米，地下水位 > 1.0 米，土壤渗透系数为 0.36~0.6 米/天，地面坡度 < 15%。土地用途为农业区或开阔地区，对植物无明显要求。④再生水收集。可采用名渠、暗管和竖井方式，再生水回收后可用于各种回用用途。

北京通州区小堡村生活污水经快速渗滤处理系统处理后，出水生物需氧量（BOD5）为 1.71 毫克/升，化学需氧量（CODCr）为 11.81 毫克/升，（氨氮）NH_3-N 为 3.04 毫克/升，水质指标达到了一级排放标准。但是，我国 RF-ETS 只是替代常规二级污水处理，而国外是替代三级污水处理，因此，国内 RF-ETS 出水水质较国外低。

（2）慢速渗滤生态处理系统（SF-ETS）

慢速渗滤生态处理系统是土地处理技术中经济效益最大、水和营养成分利用率最高的一种类型。慢速渗滤系统是将污水投配到种有作物的土壤表面，污水在流经地表土壤—植物系统时，得到充分净化的一种土地处理工艺类型。

在慢速渗滤系统中，土壤—植物系统的净化功能是其物理化学及生物学过程综合作用的结果，具体为：在该处理系统中，投配的污水部分被修复植物吸收利用，一部分在渗入底土的过程中的污染物通过土壤中有机物质胶体的吸收、络合、沉淀、离子交换、机械截留等物理化学固定作用被土壤介质截获，或被土壤微生物及土壤酶的降解、转化和生物固定。另外还有土壤中气体的扩散作用及淋溶作用。

慢速渗滤系统适用于渗水性良好的土壤、砂质土壤及蒸发量小、气候润湿的地区。废水经喷灌或面灌后垂直向下缓慢渗滤，土地净化田上种作物，这些作物可吸收污水中的水分和营养成分，通过土壤—微生物—作物对污水进行净化，部分污水蒸发和渗滤。慢速渗滤系统的污水投配负荷一般较低，渗滤速度慢，故污水净化效率高，出水水质优良。慢速渗滤系统有处理型和利用型两种。其主要控制因素为灌水率、灌水方式、作物选择和预处理等。

（3）湿地生态处理系统（W-ETS）

污水的湿地生态处理系统是将污水有控制地投配到土壤—植物—微生物复合生态系统，并使土壤经常处于饱和状态，污水在沿一定方向流动过程中在耐湿植物和土壤相互联合作用下得到充分净化的处理工艺类型。

①自然湿地处理系统以芦苇自然湿地处理床处理生活污水最为典型。一般由预处理系统、集水与布水系统、芦苇地处理床组成。芦苇处理床在天津已有应用，对COD、总氮、总磷有较高的去除率。但自然湿地处理系统占地面积大，不适合土地缺乏的农村地区。

②人工湿地处理系统人工湿地技术是20世纪60年代发展起来的一种污水处理技术。1953年，德国研究者Dr.lathe Seidel在其实验过程中发现芦苇能去除大量的无机和有机污染物，在随后的几年时间里，这些实验室开始发展为许多大规模实验，用以处理工业废水、江河水、地面径流和生活污水。经过30多年的发展，该技术在北美和欧洲得到了大规模应用。

人工湿地是模拟自然湿地的人工生态系统，在一定长宽比和底面坡度的洼地上用土壤和填料（如砾石等）混合组成填料床，并有选择性地在床体表面植入植物。从而形成一个独特的动植物生态体系。当污水在床体的填料缝隙中流动或在床体表面流动时，经砂石、土壤过滤，植物富集吸收，植物根际微生物活动等多种作用。其中的污染物质和营养物质被系统吸收、转化或分解，从而使水质得到净化。

我国进行湿地处理系统研究较晚，在"七五"期间开始人工湿地研究。首例采用人工湿地处理污水的研究工作始于1987年，由天津市环境保护研究所建成占地6公顷的处理规模为1400立方米/天的芦苇湿地工程；1989年建成了北京昌平自由水面人工湿地，处理量为500千克/天的生活污水和工业废水，处理效果良好，优于传统的二级处理工艺；20世纪90年代又在深圳建成白泥坑人工湿地示范工程。此后，国家环保部与中国科学院各单位相继采用人工湿地处理污水进行过一系列试验，对人工湿地的构建与净化功能进行了阐述。

人工湿地技术处理效果好，通常情况下BOD5的去除率可达85%~95%，CODa的去除率可达80%以上，处理出水中的BOD5 < 10毫克/升、SS < 20毫克/升；N、P去除能力强，TN和TP的去除率分别可达60%和90%；投资省，人工湿地污水处理系统与普通污水处理系统相比，其工程投资可节省40%~50%；操作简单、维护和运行费用低，是传统二级活性污泥处理工艺的10%~30%。

人工湿地根据水流方向可以分为三类：

第一类：表面流湿地

该类型湿地和自然湿地极为相似，污水以较慢的速度在湿地表面漫流。污水中有机物的去除，主要依靠床体表面的生物膜和水下植物茎、秆上的生物膜来完成，氧主要来自水体表面扩散、植物根系的传输和植物的光合作用。

第二类：水平潜流湿地

该类型湿地的主要特征是污水从湿地一端进入另一端流出，污水在填料床表面下水平流过，床体表面无积水，床底设有防渗层。

第三类：垂直流湿地

污水从湿地表面纵向流到填料床的底部，床体处于不饱和状态，氧可通过大气扩散和植物传输进入湿地。其硝化能力高于水平潜流湿地，可用于处理 NH_4^+-N 含量较高的污水。但处理有机物能力不如水平潜流人工湿地系统，落干、淹水时间较长，控制相对复杂，夏季有滋生蚊蝇的现象。

（4）地表漫流生态处理系统（OF-ETS）

地表漫流生态处理系统（Overland Flow Eco-Treat-ment System，OF-ETS）是以表面布水或低压、高压喷洒形式将污水有控制地投配到生长多年生牧草、坡度和缓、土地渗透性能低的坡面上，使污水在地表沿坡面缓慢流动过程中得以充分净化的污水处理工艺类型。

OF-ETS 兼有处理污水与生长牧草的双重功能，它对预处理程度要求低，出水以地表径流为主，对地下水影响最小。只有少部分水量因蒸发与下渗而损失，大部分径流汇入集水沟。

（5）地下渗滤生态处理系统（SI-ETS）

地下渗滤生态处理系统（Subsur faceInfiltration Eco-Treatment-System，SI-ETS）是将污水投配到具有特定构造和良好扩散性能的地下土层中，污水在经土壤毛管浸润和土壤渗滤作用向周围扩散和向下运动，通过过滤、沉淀、吸附和在微生物作用下的降解作用，达到处理利用要求的污水处理工艺类型。

地下渗滤系统具有运行管理简单、不影响地面景观、基建及运行管理费用低、氮磷去除能力强、处理出水水质好、可用于污水回用等特点。

其中毛管渗滤土地处理技术是一种较有代表性的污水地下渗滤处理系统，在我国的北京、上海、辽宁、贵州、浙江、福建等地均已有成功应用的实例。如 1992 年，北京市环境保护科学研究院建造了一个实际规模的污水地下毛管渗滤系统。

2. 蚯蚓生态滤池

蚯蚓生态滤池就是根据蚯蚓具有吞食有机物、提高土壤渗透性能和蚯蚓与微生物的协同作用等生态学功能而设计的一种污水生态系统处理技术。由于蚯蚓生态滤池具有基建及运行管理费用低、氮磷去除能力强、处理出水水质好且可回用等特点，该技术首先在城市生活污水处理、污泥稳定和处置中得到应用和初步研究。蚯蚓生态滤池污水处理技术最早在法国和智利研究开发，国外已经开始产业化应用。蚯蚓生态滤池处理系统的设计集初沉池、曝气池、二沉池、污泥回流设施等于一体，大幅度简化污水处理流程；运行管理简单方便，并能承受较强的冲击负荷；处理系统基本不外排剩余污泥，其污泥率大幅低于普通活性污泥法；通过蚯蚓的运动疏通和吞食增殖微生物，解决传统生物滤池所遇到的堵塞问题。对于污水收集相对困难、技术水平相对落后、生活污水亟须得到治理的农村地区来说，这是一种极具推广价值的污水处理技术。

污染控制与资源化国家重点实验室和杭州市环境保护科学研究院对蚯蚓生态滤池处理太湖流域农村生活污水进行现场试验研究。通过对蚯蚓同化容量与污染负荷进行单因素分析，得出蚯蚓生态滤池处理农村生活污水的运行参数与运行方式，并据此进行连续运行试验。结果表明，在表面水力负荷 1 立方米 / 平方米·天、湿干比（布水时间和落干时间之比）1∶3、蚯蚓负荷（以单位体积填料中蚯蚓的质量计）12.5 克 / 升的条件下，蚯蚓生态滤池处理农村生活污水具有可行性与高效性，单级系统的 COD、总氮、氨氮和总磷的去除率分别在 81%、66%、82% 和 89% 左右。并提出改进蚯蚓床填料、设计通风结构和采取适宜运行方式，是蚯蚓生态滤池成功应用于农村生活污水处理的三大重要因素。

3. 稳定塘处理技术

稳定塘旧称氧化塘或生物塘，是一种利用天然净化能力对污水进行处理的构筑物的总称。其净化过程与自然水体的自净过程相似。通常是将土地进行适当的人工修整，建成池塘，并设置围堤和防渗层，依靠塘内生长的微生物来处理污水，主要利用菌藻的共同作用处理废水中的有机污染物。稳定塘污水处理系统具有基建投资和运转费用低、维护和维修简单、便于操作、能有效去除污水中的有机物和病原体、无须污泥处理等优点，是由美国加州大学伯克利分校的 Oswald 提出并发展的。在我国，特别是在缺水干旱的地区，是实施污水资源化利用的有效方法，所以稳定塘处理污水近年来成为我国着力推广的一项新技术。

按照塘内微生物的类型和供氧方式来划分，稳定塘可以分为以下五类：

（1）好氧塘

好氧塘的深度较浅，阳光能透至塘底，全部塘水内都含有溶解氧，塘内菌藻共生，溶解氧主要是由藻类供给，好氧微生物起净化污水作用。

（2）兼性塘

兼性塘的深度较大，上层是好氧区，藻类的光合作用和大气复氧作用使其有较高的溶解氧，由好氧微生物起净化污水作用；中层的溶解氧逐渐减少，称兼性区（过渡区），由兼性微生物起净化作用；下层塘水无溶解氧，称厌氧区，沉淀污泥在塘底进行厌氧分解。

（3）厌氧塘

厌氧塘的塘深在 2 米以上，有机负荷高，全部塘水均无溶解氧，呈厌氧状态，由厌氧微生物起净化作用，净化速度慢，污水在塘内停留时间长。

（4）曝气塘

曝气塘采用人工曝气供氧，塘深在 2 米以上，全部塘水有溶解氧，由好氧微生物起净化作用，污水停留时间较短。

（5）其他类型的稳定塘

深度处理塘——又称三级处理塘或熟化塘，属于好氧塘。其进水有机污染物浓度很低，一般 BOD≤30 毫克／升，常用于处理传统二级处理厂的出水，提高出水水质，以满足受纳水体或回用水的水质要求。

水生植物塘——在塘内种植一些纤维管束水生植物，比如芦苇、水花生、水浮莲、水葫芦等，能够有效地去除水中的污染物，尤其是对氮磷有较好的去除效果。第一个有记录的塘系统是美国于 1901 年在得克萨斯州圣安东尼奥市修建的。目前，美国有 7000 多座稳定塘，德国有 2000 多座稳定塘，法国有 1500 多座稳定塘，在俄罗斯稳定塘已成为小城镇污水处理的主要方法。稳定塘除了能够很好地处理生活污水，对各种废水也都表现出优异的处理效果，广泛应用于处理石油、化工、纺织、皮革、食品、制糖、造纸等工业废水。

由于稳定塘具有经济节能并能实现污水资源化等特点，因此受到我国政府的高度重视。20 世纪 80 年代，国家环保局主持了被列为国家"七五"和"八五"科技攻关项目的氧化塘技术研究，我国政府对稳定塘一直采取鼓励扶植的措施。国家环保局曾拨款 300 万元，资助齐齐哈尔对稳定塘进行了改建和扩建。目前，我国规模较大的稳定塘有：日处理 20 万立方米城市污水的齐齐哈尔稳定塘、日处理 17 万立方米城市污水的西安漕运河稳定塘、日处理 3 万立方米城市污水的山东胶州氧化塘和日处理 8 万立方米化工废水的湖北鸭儿湖氧化塘等。

目前，稳定塘除了用于处理中小城镇的生活污水之外，还被广泛用来处理各种工业废水。此外，由于稳定塘可以构成复合生态系统，而且塘底的污泥可以用作高效肥料，因此稳定塘在农业、畜牧业、养殖业等行业的污水处理中也得到了越来越多的应用。特别是在我国西部地区，人少地多，氧化塘技术的应用前景非常广泛。

4. 一体化成套设备处理技术

一体化污水处理装置有很多类型，处理装置一般采用的工艺有预处理（如厌氧滤池）与好氧生化（如接触曝气池、生物滤池或移动床接触滤池），有的还设计有深度处理部分，如消毒、膜技术等。

日本对小型污水净化槽的研究比较早，日本法律规定凡是使用了水冲式厕所而没有下水道系统的地区，均要求安装净化槽。在日本约有 66% 的用户使用 Gappei-shari 净化槽或者集中处理系统处理生活污水。净化槽具有占地小、处理效果稳定、操作管理方便等特点，目前，日本安装有 800 万个小型净化槽，服务人口约 3600 万，在缺乏排水系统的边远乡村应用比较成熟。对此类净化设施进行消化、吸收、改进后，可以用于我国经济水平较高、污水处理要求较高的农村地区污水处理。

生物接触氧化技术在国内应用较多，处理农村面源污水、东莞珠江花园、盐城毓龙小区、山西五阳煤矿工人新村污水治理工程以及北京西客站建筑中水工程都有利用；河海大学研究和使用的滤床技术，适应于处理 200 户左右的集中的污水处理；水解酸化—上向流曝气生物滤池工艺处理适合于小城镇污水的集中；MBR 工艺由膜分离和生物处理组合，是一种新型、高效的污水处理工艺，在北京密云、怀柔等水源保护区附近的农村已经使用，运行效果良好。在浙江某示范村，按处理水量 80 吨 / 天设计，该一体化处理设施以厌氧工艺为主，集生物降解、污水沉降、氧化消毒等于一体，设施结构紧凑、占地少、可整体设置于地下，运行经济、抗冲击负荷能力强、处理效率高，施工、管理维修方便。

发展集预处理、生化处理以及深度处理于一体的中小型污水一体化装置，是今后农村生活污水分散处理的技术之一。

三、农村污水的处理与利用模式

（一）处理模式

处理模式主要有分散、集中及接入市政管网统一处理三种，应结合农村现状，因地制宜选择合适的处理模式。

1. 分散处理模式

分散处理模式即将农户污水分区收集，以稍大或邻近的村庄联合为宜，各区域污水单独处理。一般采用中小型污水处理设备或自然处理等形式。该处理模式具有布局灵活、施工简单、管理方便、出水水质有保障等特点，适用于布局分散、规模较小、地形条件复杂、污水不易集中收集的村庄污水处理。通常在我国中西部村庄布局较为分散的地区采用。

（1）国外分散式处理技术应用

在污水处理方面，广泛采用了自然土地处理法和生物到化学处理法。澳大利亚研发了一种 Filter 的高效、持续性的污水灌溉技术。它先将污水用于作物灌溉，然后将经过灌溉土地处理后的水汇集到地下暗管排水系统中排出，特别适用于土地资源丰富、可以轮作休耕的地区，或是以种植牧草为主的地区，一般用于大田作物。美国是发展人工湿地最多的国家，有 600 多处人工湿地用于处理市政、工业和农业废水。在欧洲一些国家，如丹麦、德国、英国等至少有 200 个人工湿地在运行，多用于对人口规模近千人的乡村级社区进行处理。韩国作为一个具有典型春旱气候的国家，发展了人工湿地与废水稳定塘相结合的土地处理技术，稳定塘储存用水可用于春旱的补充用水。

厌氧消化技术具有低造价、低运行费、能回收利用能源等特点，它在分散生活污水的处理中得到了越来越广泛的研究与应用。近 20 年来，发展了越来越多的高速处理设备和技术，如厌氧滤池（AF）、升流式污泥床反应器（UASB）、厌氧膨胀颗粒污泥床（EGSB）等，荷兰、巴西、哥伦比亚、印度等国家已建成生产性 UASB 来处理生活污水。

（2）我国分散式处理技术应用

在我国广大农村地区，普遍应用的分散式处理技术为土地处理技术和厌氧消化技术。

①土地处理技术

土地处理技术是一项造价低、运行费低、低能耗或无能耗、易于维护的污水处理技术，研究和应用比较多的污水土地处理工艺有快速渗滤处理系统、人工湿地处理系统和地下渗滤处理系统。

清华大学的刘超翔等在滇池流域农村进行了人工湿地处理生活污水的试验和生态处理系统设计。刘超翔在试验的基础上，对滇池流域农村污水生态处理系统进行了设计，设计处理水量 80 立方米 / 天；设计进水水质：COD 为 200 毫克 / 升，总氮为 30 毫克 / 升，氨氮为 23 毫克 / 升，总磷为 5 毫克 / 升；设计出水水质：COD 去除率 ≥80%，总氮去除率 ≥85%，总磷去除率 ≥85%；采用表面流人工湿地、潜流式人工复合生态床和生态塘组合工艺，表面流人工湿地水力负荷为 4 厘米 / 天，地面以上维持 30 厘米的自由水位，湿地内种植茭白和芦苇，潜流湿地水力负荷为 30 厘米 / 天，床深 80 厘米，里面填充炉渣，上部种植水芹，运行成本为 0.03 元 / 立方米，设计中污水处理与生态环境建设的结合得到了体现。帖靖玺等采用二级串联潜流式人工湿地系统对太湖地区农村生活污水进行了脱氮除磷的试验研究，结果表明：在夏季，当进水容积负荷为 400 升 / 天时，人工湿地系统对 TN 和 TP 的去除率分别为 80% 和 83%；在冬季，当进水容积负荷为 240 升 / 天时，人工湿地系统对 TN 和 TP 的去除率分别为 90% 和 94%。孙亚兵等采用人工配水模拟太湖地区农村生活污水水质，利用改进的自动增氧型潜流人工湿地对其进行处理，COD、氨氮、TP 的去除率为 89.45%、88.93%、90.25%，且系统有较强的抗冲击负荷能力。

近几年来，国内对快速渗滤系统的研究也逐渐兴起，吴永锋等人进行了生活污水快速渗滤处理现场试验，结果表明：快速渗滤系统对氮及有机物具有良好的去除效果，在稳定运行阶段，总氮出水浓度低于 5 毫克 / 升，去除率大于 95%；COD 值低于 40 毫克 / 升，去除率大于 80%。快速渗滤系统对生活污水具有较高的水力负荷，具有较好的净化效果，对 BOD、COD、SS、氨氮、TN、TP 的去除率可达到 90% 左右，出水水质均能达到二级排放标准。

目前，国外如日本、美国、俄罗斯等国家，对开发各种地下渗滤系统，如地下土壤渗滤沟、土壤毛管浸润渗滤沟以及各种类型的地下天然土壤渗滤与人工生物处理相结合的复合净化工艺，给予极大关注，陆续开发、兴建了一些净化效率高、能防止地下水污染、动力耗能省、维护运行费低的土壤净化构筑物。我国近年来对此问题也日益重视。

地下渗滤土地处理系统是一种自然生态净化与人工工艺相结合的小规模污水处理技术，该技术基于生态学原理，以基建投资低、能源消耗少为主要特色，可广泛应用于城市人口不太密集的一些地区、近郊地区或某些乡镇居民点。地下渗滤系统采用地埋方式，通常铺设在住户的后花园、草坪或者菜地下，日常运行无需动力，经过处理的污水可以根据现场的具体情况，直接流入地下水自然循环系统或由地下收集管渠收集后排入地面河道或回用。

②厌氧消化技术

厌氧消化技术具有动力消耗少、环境污染少、沼渣沼液利用途径多，且能产生能源沼气等优点。近年来，我国大力推广了厌氧消化技术在农村地区的使用。

自 20 世纪 80 年代开始，生活污水净化沼气池由农村能源部门向城镇的住宅楼、医院、学校等卫生配套建设中大力推广，住宅楼中每 10~12 户生活污水所产沼气可供其中 1 户全年用气，因此可考虑由用气户承担净化沼气池的日常维护工作。生活污水净化沼气池 20 多年来一直采用二级厌氧消化加多级兼氧过滤的处理模式，目前，考虑到生活污水脱氮除磷的需求，国内有研究在工艺上采用二级厌氧和一级好氧达到氮磷脱除效果。

我国近几年通过私有资金和民营企业的参与，在一体化装置方面也有了快速的发展。如有环保公司与日本公司合作生产净化槽；也有自主开发出多种不同规模的一体化污水处理装置，如大理山水环保科技有限公司紧紧围绕洱海流域面源污染控制成套设备研发，开展包括分散性生活污水处理一体化净化系统、粪尿分集式生态卫生旱厕、庭院式生活污水处理设备等产品研发和工程应用。引进日本地埋式脱氮生活污水一体化净化槽技术，并通过示范工程将该先进技术实现本土化，处理规模从每天数十方到数百方，应用于村落、小区、学校、宾馆、餐饮、旅游娱乐服务区等分散性污水及难以收集的地区，应用范围广泛，并在该基础上与大理洱海湖泊研究中心共同研发推广庭院式生活污水处理一体化净化设备等。

一体化装置的发展应大力引进民间的资金和技术力量，研制能脱氮除磷、组装系列化、密闭性、自动化、高效的处理效率的小型污水净化装置，根据我国的实际情况，实现装置的地埋自流、无动力或微动力运行。

2. 集中处理模式

集中处理模式即所有农户产生的污水集中收集，统一建设处理设施处理村庄全部污水。一般采用自然处理、常规生物处理等工艺形式。该处理模式具有占地面积小、抗冲击能力强、运行安全可靠、出水水质好等特点。适用于村庄布局相对密集、规模较大、经济条件好、村镇企业或旅游业发达、处于水源保护区内的单村或联村污水处理。通常在我国东部和华北地区，村庄分布密集、经济基础较好的农村采用。

部分省市已经开展农村生活污水集中处理，并取得了良好的效果。如：2006 年武汉市设立农村生活污水集中处理示范点。高山村是试点之一。该村 287 家农户每户都修建了排水渠，地下埋设了 1000 余米下水道。生活污水由排水渠经下水道直接排往村中的氧化塘，污水经自然氧化过滤后，可用于农田灌溉。此法改变了污水横流的现象，也解决了农业灌溉问题。在黄陂区刘家山村，每天有近百吨生活污水排入格栅井进行预处理，去除污水中大的悬浮物后，污水依次通过隔油池、厌氧池、厌氧生物滤池和氧化沟，最后的出水可用于农田灌溉。在东西湖区慈惠农场石榴红村，一个湿地生态系统有效解决了农业生态旅游餐饮污水及生活污水的处理问题。污水进入过滤池后，通过池中种植的美人蕉等植物进行自然净化。由于这种污水处理方式无运行费用，不需人员操作，非常适合在农村推广。

为了促进人与自然和谐发展，积极推进生态环境建设，宜兴市湖父镇张阳村实施村民生活污水集中处理工程，把分散农户生活污水集中进行处理，在该村玉女组地段分别采用"生活污水净化沼气池＋人工湿地技术"和"ET 生态复合处理"技术，建设两套生活污水处理设施，即对玉女组地段 100 户村民进行接管处理，投资 60 万元，该工程到 2009 年底基本完工。

3. 接入市政管网统一处理模式

接入市政管网统一处理模式即村庄内所有农户污水经污水管道集中收集后，统一接入邻近市政污水管网，利用城镇污水处理厂统一处理。该处理模式具有投资省、施工周期短、见效快、统一管理方便等特点。适用于距离市政污水管网较近（一般 5 千米以内），符合高程接入要求的村庄污水处理。通常在靠近城市或城镇、经济基础较好、具备实现农村污水处理由"分散治污"向"集中治污、集中控制"转变条件的农村地采用。

部分省市已经开展农村生活污水接入市政管网统一处理工程。如：总投资达 20 亿元的常熟市农村生活污水处理工程日前全面启动。到 2011 年年底前，该市将实现镇区范围内污水主干管的全覆盖。常熟市农村生活污水处理工程是常熟市率先全面推进城乡一体化建设的重大基础设施项目，也是一项惠及城乡居民的重大民生工程。工程主要建设内容为镇区污水收水主干管、污水提升泵站、建成区小区收水工程、农村居住区纳管工程、农村居住区分散处理工程。据该市相关部门负责人介绍，工程投资约

20 亿元，计划用 3 年时间来实施。整个工程将延伸镇污水主干管 451 公里，对总占地 1070 万平方米的各镇建成小区实施雨污分流改造，新建、改扩建 53 座污水提升泵站，纳管农村居民 52599 户。涉及范围为梅李镇、海虞镇、虞山镇（主城区除外）等 10 个镇，总面积约 1098.43 平方公里。

（二）综合利用模式

目前，我国在农村生活污水处理利用方面已经取得一定的成果，具体应结合农村环境及农业发展的特点选择合理的污水处理利用模式，使农村污水得到有效处理的同时取得环境效益和经济效益，形成生态农业，实现污水处理和农业环境的和谐发展。

1. 生态厕所

中国人均水资源仅为世界水平的 1/3，过去中国城乡到处可见"挖个坑、搭个板、围个墙"，被称为"旱厕"的厕所，这种厕所是造成部分地区传染病、地方病和人畜共患疾病的发生和流行的原因之一。另一方面，我国每年产生大约 5 亿吨尿液（含氮 500 万吨、磷 50 万吨和钾 112 万吨）和 3000 万 ~4000 万吨粪便（含氮 66 万吨、磷 22 万吨和钾 44 万吨）。如果通过生态厕所的无害化处理和循环利用回归农田，即可以使每公顷农田获得氮 56 千克、磷 7.2 千克、钾 15.6 千克，从而减少农用化学品的生产投入，降低农用生产成本，也可避免厕所污水污染农村环境。

生态厕所是指具有不对环境造成污染，并且能充分利用各种资源，强调污染物净化和资源循环利用概念和功能的一类厕所。国内外已经出现了生物自净、生物发酵、物理净化和粪污打包等不同类型的生态厕所。我国生态厕所主要包括以下三种类型：

（1）粪尿分离型生态厕所

设计这种厕所的理论基础认为在生理上粪和尿就分属两个不同的系统，有不同的排泄口，这使粪尿分别收集成为可能；健康人群的尿中没有致病微生物，致病微生物主要存在于粪便中。排泄物中所含的养分以氮、磷、钾为主。正常成年人每人每年排尿 400~500 升，排便 50 升，其中含氮 5.5 千克，磷 0.8 千克，钾 2 千克，这些养分 80% 存在于尿中。

基于以上依据，粪尿分离型厕所把粪和尿分开收集，把数量较多，富含养分且基本无害的尿直接利用；把数量较少，危害较大的粪便制成堆肥作为优良的土壤改良剂用于农业生产，实现生态上的循环。

粪尿分离型厕所技术含量不高，代表了先进的卫生理念。把集中处理变为就地处理；把先混合扩大污染后再去治理变为预防污染在前，把处理减至最低限度。这是目前主要推广的技术，也是目前欠发达农村地区改善卫生条件最适合的技术手段。

（2）沼气池生态厕所

这种厕所是将沼气池与厕所连接在一起，人、畜禽粪便经进料口进入沼气池厌氧发酵，还可以将冲厕粪便水同家庭有机垃圾破碎后一同在沼气池中处理。产生的沼气是很好的能源，残余物可以做堆肥使用。在国内，较典型的是在南方推广的人畜—沼气—果树模式和在北方推广的人畜—沼气—蔬菜—大棚模式的农村生态卫生系统。这两种模式都以其科学合理的能流和物流构成一个较为完整的农村生态卫生系统。早期的沼气池由于冬季保温的问题，一般在南方地区使用的较多。由于技术的改进，近年来在北方一些地区的使用也开始增多。随着沼气池技术的逐渐进步，这种沼气池生态厕所的前景也很广阔。

（3）生化生态厕所

生化厕所是一种装配有高效生物反应槽，利用堆肥化的基本原理，在生物手段（添加微生物菌剂）和理化手段（加热）等的配合下，高效处理粪便的一种生态厕所。由包括作为处理核心部分的分解反应槽、废气排放通道、同期系统、排水系统和其他一些附件如搅拌器等组成。

近些年来，一些新型的生态厕所也涌现出来，以适应不同条件的需要。例如循环水冲洗厕所，一般的处理工艺有两种，一是单独收集尿液加入药剂或微生物菌剂去除异味后，再回用于冲洗厕所；二是将粪便混合处理，通过微生物的分解作用分解粪便，同时，利用一些技术把粪便混合物中的水分离处理后部分用于冲洗厕所。循环水冲洗厕所由于和现行的冲水厕所的使用方式非常相似，因此很容易被人们接受。

生态厕所是农村厕所污水处理的一大亮点。依据生态原理可将废物转变为资源，而且不造成环境污染，无臭、无味、安全卫生，既节约水资源，又减少粪便对环境的污染，还达到了资源的循环利用。

2. 沼气技术

将沼气技术与农业生产技术结合起来，能治理多种污水，并产生经济效益与环境效益、社会效益。我国的沼气已形成自己的农村能源生态模式：单一模式、三结合模式、庭院生态农业模式。庭院生态农业模式又有：北方寒带地区的沼气池、猪禽舍、厕所和日光温室组合的四位一体的庭院经济模式，西北贫水地区以沼气池、果园、暖圈、蓄水窖和看营房组合的"五配套"系统模式以及南方的猪圈、沼气池、果园组合的"猪沼果"系统模式。随着国家对农村沼气投资力度的逐渐加大，农村沼气建设在数量和质量上都有了质的飞跃，在农业发展、农业生态环境建设中的作用日益明显，农村沼气利用技术已经突破了传统的燃料范畴。

（1）沼气的综合利用模式

①沼气用作燃料。沼气是一种综合、再生、高效、廉价的优质清洁能源。它的使用极大地减少了柴煤的使用，成为农村家庭节能生活的新技术。3~5口人的农户修建一个同畜禽舍、厕所相结合的8立方米沼气池，可年产沼气300多立方米。一年至少10个月不烧柴煤，可节柴2000千克以上，相当于封山育林4亩，同时为农户节省了

生活用能开支。

②沼气储粮。沼气储粮的主要原理是减少粮堆中的氧气含量，使各种危害粮食的害虫因缺氧而死亡，能有效抑制微生物生长繁殖，保持粮食品质，避免粮食储存中的药剂污染。如将沼气通入粮囤或贮粮容器内，上部覆盖塑料膜，可全部杀死玉米象、长角盗谷等害虫，有效抑制微生物繁殖以保持粮食品质，避免贮存中的药物污染。沼气储粮可节约储存成本 60% 以上，减少粮食损失 11% 左右。

③沼气为大棚增温施肥。把沼气通入大棚或把沼气灯介入大棚，沼气燃烧即可以增加大棚的温度，又可以利用燃烧产生的 CO_2 对植物的叶面进行气体施肥，不仅具有明显的增产效果，而且生产出的是无公害蔬菜。每 60~80 平方米安一盏沼气灯，增温施肥效果明显，提高产量 20% 以上，同时可有效地解决温室大棚在冬季受寒潮侵袭的问题，用沼气灯防寒潮，投资少、不占地、用工少、容易操作、效果均匀。

④沼气用于水果保鲜。沼气贮藏水果是利用沼气中甲烷和二氧化碳含量高，含氧量极低以及甲烷无毒的特性，来调节贮藏环境中的气体成分，造成一定的缺氧状态，以控制水果的呼吸强度，达到贮藏保鲜的作用。贮藏期可达 4 个月左右，且好果率高、成本低廉、无药害。据试验，用沼气贮红富士苹果和秦冠苹果 90 天，好果率分别为 81.3% 和 93.6%；沼气贮柑橘 150 天，好果率达 88.7%；贮山楂 150 天，好果率84.5%。

⑤沼气用于诱捕害虫。可以在与沼气池相距 30 米以内设沼气灯，用直径 10 毫米的塑料管作沼气输气管，超过 30 米时应适当增大输气管的管径。也可以在沼气输气管中加入少许水，产生气液局部障碍，使沼气灯产生忽闪现象，增强诱蛾效果。

将沼气灯吊在距地面 80~90 厘米处，在沼气灯下放置一只盛水的大木盆，水面上滴入少许食用油，当害虫大量拥来时，落入水中，被水面浮油粘住翅膀死亡，供鸡、鸭采食。也可以利用这种方法诱虫喂鱼：离塘岸 2 米处，用 3 根竹竿做成简易三脚架，将沼气灯固定，使其距水面 80~90 厘米。如 2006 年 7 月在鄂尔多斯市东胜区柴登镇柴登村杨二毛的鱼塘水面安置 3 盏沼气灯，诱蛾捕虫效果明显，鱼的增长速度明显。

⑥沼气发电。我国农村偏远地区还有许多地方严重缺电，如偏僻山区等高压输电较为困难，而这些地区却有着丰富的生物质原料。因地制宜地发展小沼电，犹如建造微型"坑口电站"，可取长补短就地供电。沼气发电有利于减少温室气体的排放，变废为宝，减少对周围环境的污染，一定程度上解决了农村的供电问题，为农村生活提供便利。

（2）沼渣的综合利用模式

沼渣中含有 18 种氨基酸、生长激素、抗生素和微量元素，是很好的饲料，可用于农业养殖，提高产量发展绿色养殖。沼肥保氮率高达 99.5%，氨态氮转化率 16.5%，分别比敞口抠肥高 18% 和 1.25 倍，是一种速缓兼备的多元复合有机肥料，可以用作基肥，用于蘑菇、土豆等的种植。利用沼渣进行种植养殖具有成本低、品质好、产量高等优点。

①沼渣养殖黄鳝。利用沼渣养殖黄鳝，沼渣中含有较全面的养分，可供鳝鱼直接食用，同时也能促进水中浮游生物的繁殖生长，为鳝鱼提供饵料，减少饵料的投放，节约养殖成本。

②沼渣养蚯蚓。蚯蚓蛋白质含量高，是鸡、鸭、鱼、猪等的良好饲料。蚯蚓以吃泥土和腐殖质为生，同时也喜欢吃树叶、秸秆等植物残体和动物粪便。将捞出的沼渣加以晾晒，去除多余水分，并使残留在沼渣中的氨逸出。用80%晾干的沼渣和20%的碎草、树叶及生活有机垃圾等拌匀后即可作为蚯蚓的饲料，饲养蚯蚓。

③沼渣养猪。沼肥中游离的氨基酸、维生素是一种良好的添加剂，猪食用后贪吃、爱睡、增肥快、不生病，较常规喂养增重15%左右，可提前20~30天出栏，节约饲料20%左右，每头猪可节约成本30多元。

④沼渣栽培蘑菇。沼渣养分全面，能满足蘑菇生长的需要。沼渣的酸碱度适中、质地疏松、保墒性好，是替代牛马粪栽培蘑菇的好原料。取正常产气3个月后出池后的无粪臭味的优质沼渣按比例配制栽培料，每100立方米的栽培原料需5000千克沼渣，1500千克麦秆或稻草，15千克棉籽皮，60千克石膏，25千克石灰。利用沼渣栽培蘑菇养分含量全、杂菌少、成本低、品质好、产量高。该技术在东胜区有很大的推广前景，东胜区有几百户种菇棚，2007年正在搞试验示范，以便以后大面积推广。利用沼渣种植，试验结果表明外形好、长势好、不得病，产量提高23.3%。

⑤沼渣作土豆基肥。栽土豆时，沼渣作基肥，收获时，土豆形体大，没有虫眼，产量高出普通种植30.2%。

（3）沼液的综合利用模式

沼液同沼渣一样含有丰富的氨基酸、生长激素等营养元素，是一种速效性有机肥，一般用作追肥施用于各种农作物，也可进行叶面喷施，有提高产量改进品质的作用。

①沼液施肥。沼液可用于浇灌黄瓜、西红柿、蔬菜等作物。实践证明：施用沼肥与直接施用人畜粪便相比，土豆每亩产量提高30%，蔬菜提高20%~25%。用沼液浇灌的果树，既当水又当肥，使果树增产30%~40%，而且水果口感好，耐储藏。更重要的是农作物施沼肥后可提高品质，减少病虫害，增强抗逆性，减少化肥、农药用景，改良土壤结构，使农产品真正成为无公害绿色食品。

②沼液浸种。沼液浸种就是将农作物种子放在沼液中浸泡，能显著提高种子的发芽率，增强秧苗的抗逆能力。利用沼液浸泡的种子出苗早，芽壮而齐，叶色深绿，无病害，生长快，好粒饱满，干粒重增加，增产20%左右。

③沼液治虫防病。沼液对蚜虫、红蜘蛛、菜青虫等有明显的防治效果，沼液要从正常产气使用2个月以上的沼气池水压间内取出，用纱布过滤，存放2小时左右，

然后再对水用喷雾器喷施。沼液对水浇灌作物还可以防治作物的根腐病、赤霉病和西瓜枯萎病等病害。利用沼液治虫防病能改善作物的品质、口感，而且能省农药费500~600元/年，并且延长结果期40多天，使农民的收入提高。

④沼液养殖。沼液喂猪：在喂猪时将沼液添加于饲料内，可以加快生长、缩短肥育期、提高肉料比。在猪饲料营养水平较低的情况下，添加沼液有显著作用。沼液养鱼：施肥是提高鱼产量的重要措施。人畜粪便历来是我国南方农村淡水养鱼的重要肥源。沼液入鱼塘不仅可使浮游生物量增加，并且可以减少鱼病，节约化肥和馆料。

3. 人工湿地污水处理技术

人工湿地污水处理技术具有高效率、低成本、低能耗、处理最灵活、处理效果好的优点。人工湿地系统除了可以起到净化污水的作用，在经过精心设计后，还可发挥与自然湿地系统同样的生态保护功能，更可为人们提供一个休闲娱乐、旅游观光、科教科研的场所，越来越多的人工湿地系统开始重视并采用一系列的设计手段以充分发挥其自然价值和社会价值。表面流入工湿地系统在外观形式和功能结构上都十分类似于自然湿地生态系统，污水中的营养元素可促进植物生长，有机污染物可以通过微生物分解利用后，通过食物链的传递为各种动物提供食物，从而使其成为一个经过人工强化的、生物多样性极其丰富的自然生态系统，可为迁徙过冬的鸟类和各种湿地生物提供充足的食物和生活空间。湿地具有独特的净化水质、提高空气质量、美化环境、保护动植物生长多样性的特点，建立一个美观、具有经济价值的人工生态系统，可以发展有机农业、观光农业，为农民创造持续的经济收入。自然湿地中纸莎草的年产量可达174吨/平方千米，香蒲为7000吨/平方千米，由于污水中含有丰富的营养元素，人工湿地上种植植物的生物量远远超过自然湿地生态系统，而人工湿地上种植的芦苇等植物可用作造纸原料。

4. 沼气—人工湿地技术

沼气—人工湿地污水处理技术克服了沼气与人工湿地的各自缺点，一方面在对污水进行处理和利用的同时，实现了沼气和沼渣的循环利用，沼气给农民提供燃料，沼渣用于牲畜的饲养；另一方面，美化了农村环境，对农村可持续农业和生态农业的发展具有重要意义。

5. 生态综合系统塘

生态塘是稳定塘的一种新的组合塘工艺，具有稳定的生态结构，不仅可以对污水中的污染物进行有效的净化，还可以综合利用。生态塘系统采用天然和人工放养相结合，对生态塘系统中的生物种属进行优化组合，以太阳能为初始能源，利用食物链（网）中各营养级上多种多样的生物种群的分工合作使污水中能量得以高效地利用，使有机污染物得以最大限度地在食物链（网）中进行降解和去除。发展生态塘系统，将污水净化、出水资源化和综合利用相结合，一方面净化后的污水可作为再生水资源予以回收再用，使污水处理与利用结合起来，可以实现污水处理资源化和水的良性循环；另一方面，以水生作物、水产（如鱼、虾、蟹、蚌等）和水禽（如鸭、鹅等）形式作为资源回收，提高稳定塘的综合效益，甚至做到"以塘养塘"。生态塘与当地的生态农业相结合，成为生态农业的一个组成部分，即污水回收与再用的生态农业。

第四节　乡村固体废物的处理与处置

农业农村的固体废弃物产生量在逐年增加，如何科学处置与资源化利用农村固体废弃物是农村环境保护工作的重要内容，本章在介绍固体废弃物种类与污染特性的基础上，重点论述了农村垃圾、作物秸秆、畜禽粪便处置与利用的技术途径与方法。

一、农村固体废弃物的种类及污染特性

所谓固体废弃物，是指在生产、生活和其他活动中产生的丧失原有价值或者虽未丧失利用价值但被抛弃或放弃的固态、半固态和置于容器中的气态的物品、物质以及法律、行政法规规定纳入固体废弃物管理的物品、物质。但是，排入水体的废水和排入大气的废气除外。

固体废物有多种分类方法，即可根据其组分、形态、来源区分，也可就其危险性、可燃性等分别区分。

（1）根据其来源分为工业固体废弃物、农业固体废弃物、生活垃圾等。

（2）按其化学组成可分为有机废弃物和无机废弃物等。

（3）按其形态可分为固态废弃物（如建筑垃圾、废纸、废塑料等）、半固态废弃物（如污泥、粪便等）和液态、气态废弃物（废酸、废油与有机溶剂等）。

（4）按其污染特性可分为危险废弃物和一般废弃物。

（5）按其燃烧特性可分为可燃废弃物（如废纸、废木屑、废塑料等）和不可燃废弃物（如废金属、建筑废砖石等）。

农村固体废弃物是按农村这一地域范畴界定的固体废弃物，从广义上说，农村固体废弃物是指产生在农业生产中的固体废弃物，其包括了农村生活垃圾、农业废弃物、畜牧养殖废弃物、林业废弃物、渔业废弃物、农村建筑废弃物等多个方面。

农村固体废弃物包括农村生活垃圾、种植业固体废物、养殖业固体废物和建筑废物等。同时种植业固体废物有初级固体废物（以下简称初级固废）和二级固体废物（以下简称二级固废）之分。

①初级固废产生在作物生长地及其附近，是作物在外运前，在收割过程中产生的，

如废弃在田间、地头、沟渠等地的蔬菜和花卉叶、根等。

②二级固废是在作物收获及外运以后，在家庭、交易市场和深加工场所产生的，如蔬菜在交易市场的净菜过程中去掉的部分外叶和根；蔬菜加工食用前去掉的一部分叶和根。

通过对不同类型农村固体废物的跟踪调查，初步掌握了农村固体废物的物质流情况。

农村固体废物的主要处置方式是堆放，缺乏收集和处理处置系统。生活垃圾通过堆放处置。种植业初级固废除少量有利用价值且易于收集的部分作为饲料、烧柴利用外，其余大部分都堆放于田间地头和路边。

固体废物在长期堆放过程中，腐败形成渗滤液进入沟渠河道，流入河流湖泊。暴雨期间，化粪池溢流，沟渠漫沟，构成环境水体重要污染物来源之一。如云南滇池流域是蔬菜花舟基地，固体废物中易腐和可降解成分含量较大，液态污染问题相当严重。将种植业初级固废按示范区年产生量比例进行混合堆放，4 天后取其堆沤腐败的渗滤液进行测试，结果发现，总氮浓度达到 1657.4 毫克 / 升，总磷达到 33.3 毫克 / 升，远远高于一般生活污水。

（一）农村生活垃圾

生活垃圾是指在日常生活中或者为日常生活提供服务的活动中产生的固体废物以及法律、行政法规规定视为生活垃圾的固体废弃物。农村生活垃圾是指在农村这一地域范畴内，在日常生活中为日常生活提供服务的活动中产生的固体废弃物。其主要有两种类型，一是农民日常生活所产生的垃圾，主要来自农户家庭；二是集团性垃圾，主要来自学校、服务业、乡村办公场所和村镇商业、企业（其所产生固体废弃物中的非工业固体废弃物部分）等单位。生活垃圾的成分主要是厨余垃圾（蛋壳、剩菜、煤灰等）、废织物、废塑料、废纸、废电池以及其他废弃的生活用品等；影响农村生活垃圾成分的主要因素有村民生活水平、生活习惯、能源结构、地域、季节、气候等。

农村生活垃圾主要由燃料灰渣、清扫泥沙、包装物及厨余等易腐的有机物组成。近年来废电池、废电器元件、无纺布类等一次性卫生用品都有上升趋势。农村和乡镇生活垃圾在组分和性质上基本与城市生活垃圾相似，只是在组成的比例上有一定区别，有机物含量多，水分大，同时掺杂化肥、农药等与农业生产有关的废弃物。与城市生活垃圾相比，有毒物品（油漆、化妆品等）含量则较少。因此，有其鲜明的特点，有害性一般大于城市生活垃圾。

随着农民生活水平的不断提高，农村生活垃圾的产生量和堆积量也将逐年增加。由于农村生活垃圾缺少完整的基本数据，王洪涛等对滇池流域农村地区垃圾产生量的调查表明，当地村民人均垃圾产生量为 0.6 千克 / 天，约是城市生活垃圾人均产生量的一半（王洪涛等，2003）。按我国 2000 年第五次人口普查结果，我国农村人口数

80739 万人。以农村人均垃圾产生量 0.6 千克 / 天估算，我国目前农村生活垃圾年产生量约 4.84 亿吨。随着国民经济的发展及地区生活水平的提高，垃圾产生量也呈增加趋势。同时由于农村人口居住分散，几乎没有专门的垃圾收集、运输、填埋及处理系统，加上农民环境意识相对较差，垃圾在田头、路旁、水边随意堆放，许多河道成了天然垃圾箱。堆放在垃圾中，不可降解的无机物长期存在，而易腐的有机部分在腐败菌作用下降解，产生渗滤液，是蚊蝇、细菌、病毒的滋生繁衍场所，也是水体直接或间接的重要污染源。农村生活垃圾环境中的随意堆放会对周围土壤、水体、大气以及人类健康造成危害。

关于城市生活垃圾的治理早已成为各方的焦点，而对农村生活垃圾污染问题关注得较少，但随着农村经济的快速发展，城乡差距的不断缩小，农村生活垃圾无论从成分还是污染危害与城市生活垃圾相比越来越接近。随着对各类工业污染源的有效控制，农村农业面源污染日益上升为主要问题。

（二）养殖业固体废弃物

养殖业固体废弃物包括在畜禽养殖过程中产生的畜禽粪便、畜禽舍垫料、废饲料、散落的羽毛等固体废弃物，以及含固率较高的畜禽养殖废水。主要污染物是粪便及其分解产生物、伴生物和养殖废水。粪便及其分解产物主要包括固形有机物和恶臭气体物质两部分，前者包括碳水化合物、蛋白质、有机酸、酶类等，后者包括氨、硫化氢、挥发性脂肪酸、酚类、醌类、硫醇类等。伴生物包括病原微生物（细菌、真菌、病毒）和寄生虫卵等。养殖废水主要是指畜禽养殖过程中冲洗粪便的废水、各类畜禽的尿液及其他生产过程中造成的废水。

随着我国人民生活的不断提高，人们对肉类、奶尖和禽蛋类的消费需求量急剧增加，以每年 10% 以上的速度递增，由此带来了养殖业的迅速膨胀，特别是畜禽养殖业，由家庭副业逐步发展成为一个独立行业；畜禽场由农业区、牧区转向城镇郊区；饲养规模由分散走向集中。集约化的养殖产业一方面使畜禽养殖业脱离了传统的种植业，改变了原有的分散放养、四处收购、长途运输的模式；但另一方面，其产生的大量污水、粪便，局部地区难以用传统的还田方式处理，因此对环境、饮用水源和农业生态造成了巨大危害。

粪便是养殖业的主要污染物，占整个排放污染物的比重最大。粪便排放量和动物种类、品种、生长期、饲料等诸多因素有关。有研究报道，饲养一头猪、一头牛、一只鸡，每年所产生的粪尿、污水、臭气的污染负荷，相当于人口当量分别为 8~10 人、30~40 人、5~7 人。具体单个动物每天排出粪便的数量为禽畜的粪便排泄系数，不同机构给出的粪便排泄系数有所不同。

随着畜禽养殖业规模的不断扩大，畜禽数量的增多，不可避免地带来大量的养殖业废弃物的任意排放，使环境承载力日益增大，畜禽养殖业已经成为农村面源污染的主要因素。自 2005 年以来，我国养殖业废弃物年产生量超过 24.6 亿吨，是当年工业固体废弃物产生量的 2.6 倍。COD 含量高达 8253 万吨，畜禽污水中的高浓度 N、P 是造成水体富营养化的重要原因。随着畜禽养殖业从分散的农户养殖转向集约化、工厂化的养殖，畜禽粪便污染也以类似于工厂企业污染的"大型"污染源出现，甚至在许多地区以面源的形式出现。由于大型集中养殖场多在城市周边和近郊农村，使养殖业污染对于城市、城镇环境的压力越来越大，并成为重要的污染源。通过作者对云南滇池流域多年的研究结果得知，在影响滇池富营养化的因素中，畜禽粪便占到农业面源污染的 40%~50%。规模化畜禽养殖业的环境问题主要由以下几方面因素造成：

（1）农牧严重分离脱节，导致规模化畜禽养殖场周边没有足够的耕地消纳畜禽养殖产生的粪便，不同类型养殖场单位标准畜禽占有的配套耕地没有达到 1 亩（1/15 公顷）的基本要求，占有耕地最少的尚不足 0.02 公顷（0.3 亩）。

（2）养殖场规划及管理不科学，一些养殖场由于多种原因建在城区上风向或靠近居民区，尤其靠近居民饮用水水源地（50 米以内），对饮用水水质直接造成威胁。

（3）许多养殖场目前仍沿用水冲粪或水泡粪湿法清粪工艺，耗水量大且给后续处理造成困难。

（4）环境管理工作不到位，绝大部分的规模化畜禽养殖场建设或投产前未经过环境影响评价和审批。

（5）缺少环境治理和综合利用设施或机制，环境治理和综合投资也非常短缺。

（三）种植业固体废弃物

种植业固体废弃物是指农作物在种植、收割、交易、加工利用和食用等过程中产生的源自作物本身的固体废弃物，包括根、枝、叶、秆、果、花等，一般含纤维成分都较高。种植业固体废弃物有初级固体废弃物和二级固体废弃物之分。初级固体废弃物产生在作物生长地及附近，它是作物在外运前及收割过程中产生的，如废弃在田间、地头、沟渠等地的蔬菜和花卉叶、根等。二级固体废弃物是在作物收获及外运以后，在家庭、交易市场和深加工场所产生的废弃物，如蔬菜在交易市场的净菜过程中去掉的部分外叶和根，蔬菜加工食用前去掉的一部分叶和根。典型的种植业固体废弃物主要包括粮食作物秸秆、蔬菜、瓜果废弃物及各种经济作物的废弃物，如花卉、果树、林木、蔬菜等。

农作物稻秆是世界上数量最多的一种农业生产副产品。据联合国环境规划署（UNEP）报道，世界上种植的各种农作物，每年可提供各类秸秆约 20 亿吨，其中被利用的比例不足 20%。我国是个农业大国，也是秸秆资源最为丰富的国家之一，目前仅重要的作物秸秆就近 20 种，且产量巨大，每年产生约 7 亿吨，其中稻草 2.3 亿吨，玉米秆 2.2 亿吨，豆类和杂粮的作物秸秆 1.0 亿吨，花生和薯类藤蔓、蔬菜废弃物等 1.5 亿吨。此外，还包括大量的饼粕、酒糟、蔗渣、食品工业下脚料、锯末、木屑、树叶等。这些秸秆资源中，可能的利用量为 2.8 亿~3.5 亿吨。按现有发酵技术的产气率 0.48 立方米 / 千克估算，每年产生甲烷量约 850 亿立方米。

各类农作物秸秆的元素中，碳占绝大部分，其次为钾、硅、氮、钙、镁、磷、硫等元素。秸秆的有机成分以纤维素、半纤维素为主，其次为木质素、蛋白质、氨基酸、树脂、单宁等。

目前我国对种植业废弃物的利用率较低，多数属于低水平利用，如作为取暖、做饭用的薪柴，作动物饲料或肥料，而大部分种植业废弃物没有得到利用或者没有得到充分利用。随意丢弃和无控焚烧，曾是我国广大农村处置秸秆的主要方式，这不但会造成资源浪费、地力损伤、环境污染，还会导致火灾及交通事故的频发，对人类健康和周围动植物的生态环境造成严重危害。

我国是个人口多、资源相对较少的国家。因此，把数量巨大的种植业废弃物（如作物秸秆）加以充分开发、综合利用，既可缓解农村饲料、肥料、燃料和工业原料的紧张状况，又是保护农村生态环境、促进农业持续协调发展，获得经济效益、环境效益和社会效益三者兼赢的效果，构建资源节约型社会。

（四）农业塑料废弃物

在农业领域中，塑料制品主要包括几个方面：1. 农膜（包括地膜和棚膜），是应用最多、覆盖面积最大的一个品种，在农用塑料制品中，农膜的产量约占 50%；2. 编织袋（如化肥、种子、粮食的包装袋等）和网罩（包括遮阳网和风障）；3. 农田水利管件，包括硬质和软质排水输水管道；4. 渔业用塑料，主要有色网、鱼丝、缆绳、浮子以及鱼、虾、蟹等水产养殖大棚和网箱等；5. 农用塑料板（片）材，广泛用于建造农舍、羊棚、马舍、仓库和灌溉容器等。上述塑料制品的树脂品种多为聚乙烯树脂（如地膜和水管、网具等），其次为聚丙烯树脂（如编织袋等）。其中应用最广的是农膜，主要包括农用地膜。农膜技术的采用，对我国农业耕作制度以及种植结构的调整和高产、高效、优质农业的发展产生了重大而深远的影响，对农民增加收入和脱贫致富做出了重要贡献。据统计，1980—1990 年 10 年时间中，全国地膜覆盖面积从 0.17 万公顷上升到 15 万公顷。近年来农业技术的快速发展，使农用地膜覆盖面积达到 100 万公顷以上。然而农膜在老化、破碎后形成残膜，由于其使用量大并难以降解，不断增加的残膜带来了严重的环境污染问题，被农民称为"白灾"。农业农村部调查结果显示，目前我国农膜残留量一般在 60~90 千克 / 公顷，最高可达到 165 千克 / 公顷。

废塑料对环境的污染主要表现在两个方面，即视觉污染和潜在危害。视觉污染是指散落在环境中的塑料废物对市容和景观的破坏。潜在危害是指塑料废物进入自然环境后难以降解而带来的长期的潜在环境问题。主要表现在：1.塑料在土壤中降解需要很多年，由于难以降解，生活及生产中的废塑料很难处理和处置。2.农膜的增塑剂邻苯二甲酸二异丁酯溶出后渗入土壤，对种子、幼苗和植株生长均有毒害作用，影响作物生长发育，导致作物减产。3.废塑料还有携带细菌、传染疾病等危害。4.土壤中的残存地膜降低了土壤渗透性，减少了土壤的含水量，削弱了耕地的抗旱能力，影响土壤孔隙率和透气性，使土壤物理性能变差，最终导致减产。同时对土壤中的有益昆虫如蚯蚓等和微生物的生存条件形成障碍，使土壤生态的良性循环受到破坏。

二、农村生活垃圾处置

在传统农业经济条件下，农村产生的生活垃圾通过垫圈等方式而得到还田，除少部分腐烂和被雨水冲走外，大部分返还到土地中。但随着农村经济、种植模式和生活方式的改变，农村生活垃圾还田的比例正在不断减少，使农村生活垃圾成为影响农村卫生、污染农村环境的主要问题。

目前，我国农村生活垃圾处理主要采用的技术方法有填埋、焚烧和堆肥等。目前农村生活垃圾处理的三种方式并没有哪一种完全得到相关专家和行业人士的认可，这主要是由当前农村的经济发展水平、生产生活方式和居住环境的千差万别所决定的。例如刘永德等对太湖地区农村生活垃圾的处理技术方面的研究后认为，填埋不可能成为该区域主要的农村生活垃圾处置方式。即使在发达国家，这三种处理方式也在同时使用。因此，垃圾的处理方式应该因地制宜，根据当地的实际情况采取最佳的处理方式，处理的最终目标是农村生活垃圾的减量化、资源化、无害化。

发达国家农业人口所占比例很小，农村生活垃圾问题并不突出；发展中国家农业人口众多，但受经济条件制约，尚未形成对农村生活垃圾填埋处置的技术需求，由此造成针对农村特点的生活垃圾小型填埋场技术缺乏。我国经济高速增长，但目前没有专门针对农村生活垃圾的最终处置技术。在一些发达地区以及水源保护区，农村生活垃圾被运送到附近城市生活垃圾填埋场集中处理；在其他地区则尚无处置设施。农村生活垃圾进入城市生活垃圾填埋场并不是可取的方式，建立适合农村条件的高效、简便、易操作、低成本、可重复使用的小型生活垃圾处理系统成为我国新农村建设迫切需要的重要技术。

（一）农村生活垃圾的收集和运输

要建立农村生活垃圾的处理系统，首先必须考虑到农村生活垃圾的收集和运输。农村根据其经济发展和行政范围可以分为两类：一类是经济还比较落后，生活尚不发达的村，这类村基本以农业种植为主要生产活动，家庭生活方式简单，没有卫生系统（比如厕所及粪便处理系统）；另一类是经济比较发达的镇和乡，基本形成居民集中区，有自己的集市，已经基本形成自己独立的环卫系统，有专门的厕所和环卫工人，给水系统和排水系统也较完备，其发展趋势是中小城市。这两类农村类型具有不同的发展方向和特点，因此垃圾收集运输方式也存在本质的不同。

对于第一类经济比较落后的村，由于居民生活水平较低，主要生活方式是自产自销，较低的生活收入必然使其主动进行废物利用，尽量进行循环使用，同时其产生源较为分散，收集较为困难。因此由其村委会组织采用最简单的定点定期收集方式，每隔一定时间，在固定地点设定收集车辆，由各户自行送到指定地点，然后运输走，这样最大限度地减少成本，同时达到收集目的。对于经济比较发达的乡镇，由于生活水平较高，产生垃圾量必然有较大涨幅，特别是对于江南和沿海一带的乡镇，其发展规模已经和城市相近，整体财政收入可以满足于建立和维持生活垃圾的收集和运输系统的运行，因此其垃圾收集、运输系统可以采用与城市生活垃圾相近的模式。聘请有关专家，制定本乡镇发展生活垃圾处理处置规划，并根据处理方案，制定最优的收集方案和收集路线，必要时候可与邻近的乡镇联合起来建立联合收集运输系统。

（二）农村生活垃圾处理的常规技术

1. 卫生填埋

卫生填埋是"利用工程手段，采取有效措施，防止液体及有害气体对水体和大气污染，并将垃圾压实减容至最小，在每天操作结束或每隔一定时间用土覆盖，使整个过程对公共卫生安全及环境均无危害的一种土地处理垃圾方法"。该法具有费用低、处理量大、工艺简单、土地利用率高、操作方便；填埋结束后，在表层填土种绿色植物，土地可以再利用等优点。

其原理是采取防渗、铺平、压实、覆盖等措施将垃圾埋入地下，经过长期的物理、化学和生物作用使其达到稳定状态，并对气体、渗沥液、蝇虫等进行治理，最终对填埋场封场覆盖，从而将垃圾产生的危害降到最低。生活垃圾由全封闭自卸式垃圾车运至填埋场，称量后送入场内，经垃圾场到填埋场作业区进行倾倒、分拣。

填埋场产生的填埋气是垃圾降解的最终产物，填埋初期，沼气的主要成分是 CO_2，随后 CO_2 含量逐渐变低，CH_4 含量逐渐增大。早期 CH_4 含量比较少，在覆盖物上方安装废气燃烧嘴，人工点火控制场区 CH_4 含量不超过 5%。填埋场稳定运行（约 5 年）后，开始收集填埋气，对气体进行经济评估后燃烧，或者并入附近农村沼气系统。

填埋场渗滤液是一种成分复杂的有机废水，若不进行处理，会对环境造成污染。可采用循环回灌喷洒处理，处理后低浓度废液并入城市污水处理系统集中处理。

2. 垃圾焚烧

农村生活垃圾中的废塑料等可燃成分较多，具有很高的热值，采用科学合理的焚烧方法是完全可行的。焚烧处理是一种深度氧化的化学过程，在高温火焰的作用下，焚烧设备内的生活垃圾经过烘干、引燃、焚烧 3 个阶段将其转化为残渣和气体（CO_2、SO_2 等），可经济有效地实现垃圾减量化（燃烧后垃圾的体积可减少 80%~95%）和无害化（垃圾中的有害物质在焚烧过程中因高温而被有效破坏）。经过焚烧后的灰渣可作为农家肥使用，同时可将产生的热量用于发电和供暖。

3. 堆肥

农村生活垃圾中有机组分（厨余、瓜果皮、植物残体等）含量高，可采用堆肥法进行处理。堆肥技术是在一定的工艺条件下，利用自然界广泛分布的细菌、真菌等微生物对垃圾中的有机物进行发酵、降解，使之变成稳定的有机质，并利用发酵过程产生的热量杀死有害微生物达到无害化处理的生物化学过程。按运动状态可分为静态堆肥、动态堆肥以及间歇式动态堆肥；按需氧情况分为好氧堆肥与厌氧堆肥两种。其中与厌氧堆肥相比，好氧堆肥周期短、发酵完全、产生二次污染小但肥效损失大、运转费用高。

4. 综合利用

综合利用是实现固体废物资源化、减量化的最重要手段之一。在生活垃圾进入环境之前对其进行回收利用，可大大减轻后续处理处置的负荷。综合利用的方法有多种，主要分为以下 4 种形式：再利用、原料再利用、化学再利用、热综合利用。在农村生活垃圾处理过程中，应尽量采取措施进行综合利用，以达到垃圾减量化、保护环境、节约资源和能源的目的。根据农村生活垃圾的特点，建议农村垃圾应分类收集，分类处理。

（三）农村生活垃圾处理新技术的发展

1. 蚯蚓堆肥法

蚯蚓堆肥是指在微生物的协同作用下，蚯蚓利用自身丰富的酶系统（蛋白酶、脂肪酶、纤维酶、淀粉酶等）将有机废弃物迅速分解、转化成易于利用的营养物质，加速堆肥稳定化过程。蚯蚓种类繁多，但应用于生活垃圾堆肥处理的主要集中在蚯蚓科和巨蚓科的几个属种，其中应用最广的是赤子爱胜蚓。用蚯蚓堆肥法处理农村生活垃圾工艺简单、操作方便、费用低廉、资源丰富、无二次污染，而且处理后的蚓粪可作为除臭剂和有机肥料，蚯蚓本身又可提取酶、氨基酸和生物制品。蚓粪用于农田对土壤的微生物结构和土壤养分可产生有益的影响，提高作物（如草莓）的产量和生物量以及土壤中的微生物量。蚯蚓堆肥法具有的上述优点，使该技术在农村地区的应用具有广阔的前景。

2. 太阳能—生物集成技术

该技术是利用生活垃圾中的食物性垃圾自身携带菌种或外加菌种进行消化反应，应用太阳能作为消化反应过程中所需的能量来源，对食物性垃圾进行卫生、无害化生物处理的技术。在处理过程中利用垃圾本身所产生的液体调节处理体的含水率，不但能够强化厌氧生物量，而且能够为处理体提供充足的营养，从而加速处理体的稳定，在处理过程中产生的臭气可经脱臭后排放。当阴雨天或外界气温较低时，它能依靠消化反应过程中产生的能量来维持生物反应的正常进行。

"生活垃圾太阳能—生物集成技术处理反应器"可实现农村生活垃圾中的可堆腐物转变为改良土壤的有机肥料。处理完成的食物性生活垃圾体积减小 80% 以上，并可产生生物肥腐熟性有机物，作为有机肥使用，既可大幅度减少农村生活垃圾的清运量，又可变废为宝，使资源得到再生利用。

2. 高温高压湿解法

农村生活垃圾湿解是在湿解反应器内，对农村生活垃圾中的可降解有机质用湿度为 433~443K、压力为 0.6~0.8 兆帕的蒸汽处理 2 小时后，用喷射阀在 20 秒内排除物料，同时破碎粗大物料并通蒸汽，再用脱水机进行液固分离。湿解液富含黄腐酸，可用于制造液体肥料或颗粒肥料。脱水后的湿物料可用干燥机进行烘干到水分小于 20%，过筛，粗物料再进行粉碎。高温高压湿解的固形物质可作为制造有机肥的基料，湿解基料富含黄腐酸。

2001 年，袁静波等研制成功"高温高压水解法处理城乡生活垃圾及制肥成套设备"，并获得了国家发明专利。其高温高压水解法处理农村生活垃圾由垃圾分选系统、垃圾水解系统、垃圾焚烧系统、制肥自动控制系统组成，具有垃圾分选效果好、运行成本低、有机物利用率高、无须添加酸性催化剂、避免对环境产生二次污染等优点。这说明高温高压湿解法处理农村生活垃圾具有可行性。

4. 气化熔融处理技术

该技术将生活垃圾在 450~600℃温度下的热解气化和灰渣在 1300℃以上熔融两个过程有机地结合起来。农村生活垃圾先在还原性气氛下热分解制备可燃气体，垃圾中的有价金属未被氧化，有利于回收利用。同时垃圾中的铜、铁等金属不易生成促进二碟英类形成的催化剂；热分解气体燃烧时空气系数较低，能大大降低排烟量，提高能量利用率，降低 NOx 的排放量，减少烟气处理设备的投资及运行费；含炭灰渣在高于 1300T 以上的高温下熔融燃烧，能扼制二噁英类毒性物的形成，熔融渣被高温消毒可实现再生利用，同时能最大限度地实现垃圾减容、减量。

气化熔融处理技术具有彻底的无害化、显著的减容性、广泛的物料适应性、高效的能源与物资回收性等优点，但要求农村生活垃圾必须具有较高的热值（>6000 千焦耳 / 千克）。随着农村生活水平的提高，生活垃圾的热值也在提高，在未来农村生活垃圾的处理中该技术将占一席之地。

（四）农村生活垃圾处理技术的路线

表 3-1 总结了几种典型的农村生活垃圾处理方法的技术参数，并进行了优缺点比较。介绍的几种处理技术都可不同程度地应用于农村生活垃圾的处理处置。每种技术都有其自身的特点及实用性，因此最终选择适当的农村生活垃圾处理技术取决于各种各样的因素（如技术因素、经济因素、政治因素、环境因素等），其中很多因素都依赖于当地条件，一般应考虑：1. 农村生活垃圾的成分和性状（取决于当地经济发展和居民生活水平）。2. 处理能力和垃圾的减容率。3. 国家相关政策和法规。4. 工作人员的职业健康和安全。5. 处理、运行及其他成本。6. 处理设备的易操作性和可靠性。7. 需要的配套设备和基础设施。8. 处理设备及排放装置对当地环境的总体影响。

表 3-1 几种农村生活垃圾处理技术优缺点比较

处理技术	技术参数	优点	缺点
填埋法	农村生活垃圾特征、场地地质条件、土壤、气候条件等	工艺较简单，投资少，可处理大量农村生活垃圾，也可处理焚烧、堆肥等产生的二次污染	垃圾减容少，占用土地面积大，产生气体和挥发性有机物量大，并对土壤和地下水存在长期的潜在威胁
焚烧法	搅动程度、垃圾含水率、温度和停留时间、燃烧室装填情况、维护和检修	体积和重量显著减少；运行稳定以及污染物去除效果好；潜在热能可回收利用	处理费用较高，操作复杂，产生二次污染
堆肥法	有机质含量、温度、湿度、含氧量、pH、碳氮比	工艺较简单，适于易腐有机生活垃圾的处理，处理费用较低	占地较多，对周围环境有一定的污染；堆肥质量不易控制
蚯蚓堆肥法	蚯蚓种类、垃圾碳氮比、温度、湿度、有毒有害物质、蚯蚓投加密度	工艺简单，不需要特殊设备，投资较少，没有二次污染，处理后的蚓粪、蚓体可利用	在国内外主要用于处理城市生活垃圾，对农村生活垃圾的处理方式和技术较少涉及
太阳能—生物集成技术	垃圾分类、食物垃圾组成及特征、温度和光照	绿色、节能、环保；垃圾减容率高；处理过程中产生的臭气经脱臭后排放，无二次污染；投资少	主要针对食物性垃圾，需要进一步加强研究开发工作
湿解法	垃圾组成、有机垃圾水解性	垃圾减量化大，处理时间短，生产出的有机肥质高	投资较高，工艺较复杂
气化熔融处理技术	农村生活垃圾组成、热值	充分利用生活垃圾自身能量，辅助热源消耗低；成本低、排放低；减容、减量显著	目前较少用于农村生活垃圾处理；要求农村生活垃圾的热值高于 6000 千焦耳 / 千克

根据农村生活垃圾处理的原则及上述选择处理技术的影响因素，农村生活垃圾处理的技术路线大致如下：1. 实行垃圾分类收集，加强废品的回收利用。结合农村实际

情况，将垃圾分为无机垃圾、可回收垃圾、有害垃圾和有机垃圾分类进行收集；成立废品回收站，最大限度地向农户收购可再生废品。2. 推广农村垃圾无害化处理技术，鼓励农民建设沼气池，大力发展农村沼气。"十一五"规划准备把沼气作为重点来推广，现在农业农村部一年的沼气补助费就有 10 亿元。发展沼气既解决群众生活用能问题，又能得到优质有机肥料，同时还可以有效减少农村生活垃圾对环境的污染。3. 对于落后的山区，合理选择天然的低洼地作为填埋场不失为一种经济的农村生活垃圾处理方法。填埋场应避开以易渗透地域和靠近河流、湖泊、洪灾区和储水补给区的地理位置，选择渗透较小的地基，在填埋场底部加防渗层。4. 对于经济较发达的农村，应尽量减少垃圾填埋量，生活垃圾处理逐渐转向二次污染小的处理工艺，如太阳能—生物集成技术、蚯蚓堆肥法等。未来农村生活垃圾的治理方向就是要变废为宝，实现环境效益和经济效益的双丰收。5. 发展农户清洁能源循环利用技术，实现农村生活垃圾的综合利用。根据农户特点推广"两位一体"（即沼气池上面建厕所）、"三位一体"（即沼气池上面建厕所、猪圈）甚至"四位一体"（即沼气池上面建畜禽舍、厕所和温室）建设模式，同步改造厕所、猪圈、厨房、庭园。目前我国江西赣州的"猪—沼—果（菜）"的能源生态模式，广西恭城的"养殖—沼气—种植"三位一体的庭院经济模式，北方的将日光温室—畜禽舍—沼气池—厕所优化组合的"四位一体"模式取得了很好的农业效益和环境效益。6. 借鉴城市生活垃圾处理的经验，总结、提炼、创新适合在农村推广普及的生活垃圾处理方法。农村垃圾治理难度较大，单凭政府的推动显然不够，但仅凭农民自己去治理也不现实，因此只有以农民为主体、以政府为主导，利用成熟工艺，发展专用新兴工艺，充分发挥市场调节作用，才能真正治理好农村垃圾问题。

三、农作物秸秆处理和利用

农作物稻秆是当今世界上仅次于煤炭、石油和天然气的第四大能源。我国稻秆资源非常丰富，每年产生的秸秆相当于 300 多万吨氮肥、700 多万吨钾肥、70 多万吨磷肥，这相当于全国每年化肥用量的 1/4。但长期以来焚烧秸秆的习惯依然存在，不仅严重污染环境，而且造成能源的重大浪费。因此，推广和发展农作物秸秆综合利用技术，具有重大而深远的意义，也是目前国家重点推广实施的保护环境和资源利用的重要技术。农作物秸秆综合利用技术是由诸多单项技术组成且相对独立的新型实用技术，比较成熟或正在发展的技术主要有秸秆粉碎还田及用作育菇培料，转化为家畜饲料、秸秆气化及发电，制造建材及工业用途等。

（一）秸秆粉碎还田及用作育菇培料

1. 秸秆粉碎直接还田

农作物秸秆富含有机质和氮、磷、钾、钙、镁、硫等多种养分。据测定，玉米秆含有氮 1.5%、磷 0.95%、钾 2.24%。将 10 亩土地生长的鲜玉米秆铡碎后还田，相当于施加硫酸铵 23 千克、过磷酸铵 14 千克、钾肥 34 千克，可使每 10 亩土地增收小麦 50 千克、玉米 45 千克。秸秆还田既能减少化肥用量、节省投资，又能优化土壤结构，增强抗旱能力，增加团粒结构，为农业持续增产奠定基础。稻秆还田一般需经三四年或更长时间，才能显现出明显的生态效益。在秸秆还田时应注意：如玉米秸秆等，无论铡碎还是粉碎，都要趁湿进行，以免内部养分的流失，还田后，应及时浇水保湿，使秸秆与土壤紧密接触。

2. 粉碎堆积腐化还田

将粉碎的稻轩加入人粪尿，堆积成堆，然后封泥，有机物在微生物作用下逐步矿质化和腐殖化，腐熟，形成优质肥料。堆腐还田能提高土壤有机质含量，促进速效养分的释放，提高土壤含水量和农作物产量，具有作用最好、效果最快的特点。堆腐还田的缺点是沤制时间较长，一般需 3 个月以上。还可以过腹还田，利用秸秆中的营养成分作为动物饲料，再以其排出的粪尿回归田地。

3. 秸秆育菇

以玉米秆、稻草等秸秆，经热蒸、消毒、发酵、化学处理后，可用作种植平菇、草菇、凤尾菇等的培料，能大大降低生产成本。

（二）秸秆处理后作家畜饲料

秸秆富含纤维素、半纤维素、蛋白质、脂类等，是较好的饲料原料。麦秸、稻草及玉米秸秆是产量最大的农作物废弃物，利用这些秸秆转化为饲料具有广阔前途。随着草原牧场退化严重，放畜量超载严重，用秸秆饲料搭配精饲料的圈养方式迅速扩展。秸秆在饲料利用方面主要为青贮、氨化、制块和制粒、微生物处理等。

1. 青贮处理

将饱含液汁的青绿牧草饲料、秸秆等经过加工并添加一定比例的添加剂，压实后密封保存，经过一段时间的乳酸发酵后，转化成含有丰富蛋白质维生素及适口性好的饲料。这种方法能长期保持青绿多汁的营养特性，养分损失少。一般调制干草养分损失达 20%~30%，而青贮一般损失仅 8%~10%，胡萝卜素损失极小，并可长期贮存，消化率高、适口性好，占地空间少。

2. 氨化处理

氨化处理是利用某些化学物质来处理秸秆，打破秸秆营养物质消化障碍，提高家畜对稻秆利用率的一种技术方法。此方法应用最广泛，有堆垛法、氨化池法、氨化炉法等。一般来说，氨化稻秆的消化率可提高 20% 左右，粗蛋白含量也可提高 1~1.5 倍。秸秆经氨化处理后质地变得松软，具有糊香味，牲畜爱吃，采食速度、采食量提高，且能改善秸秆的营养价值。

3. 微贮及冷压处理

该处理方法主要针对含水量低的麦秸、稻草以及半黄或黄干玉米秸、高粱秸等不宜青贮的秸秆。微生物发酵贮存技术是利用微生物发酵的原理，使农作物秸秆在微贮过程中，将大量的木质纤维类物质降解为易发酵糖类，并转化为挥发性脂肪酸、二氧化碳等，成为牛、羊等家畜的饲料，它比氨化饲料成本低。而块状稻秆饲料就是利用冷压技术将粉碎的秸秆挤压成小块，水分少、体积小，可保留饲料的纤维，又便于储存和运输，使之商品化。加工的饲料块有炒香味，牛羊喜欢吃。

（三）秸秆气化及发电

1. 秸秆气化作生活燃料

秸秆气化集中供气技术是一种生物质热解气化技术，是将玉米秸秆、小麦稻秆等生物质原料粉碎后在气化反应炉中通过热解反应或高温裂解，变成以一氧化碳和氢气为主的可燃气体。秸秆气化集中供气系统由生物质气化站、燃气输配管网和用户室内设施三部分组成。气化站主要设备由固定床下喂入式生物质汽化器、燃气净化器、贮存器、储存柜、风机和给料机构成。燃气输配管网由聚丙烯或聚乙烯塑料管连接而成，用户室内配有活性炭滤清器、燃气流量表和低热值燃气炉。秸秆气化集中供气技术的设备简单，操作方便，价格低廉，能减少或防止稻秆污染，改善生活环境，提高农民生活质量。这项工程适于秸秆资源丰富、农民生活水平较高的农村地区，以自然村为单位进行推广。以山东省能源研究所研制生产的低热值生物质气化装置为例，1千克秸秆一般可以生产2立方米混合可燃气体。其热值为5千焦耳/立方米左右，农民每户每天需用气2~3立方米左右，若按燃气价格0.22元/立方米计算，每月用气费用为13.2~19.8元，每户每年约需用1吨秸秆原料，通过秸秆气化技术可消化当地玉米秸秆总量的1/3。沼气的运用不仅为农民生活带来了方便，而且增加了农民收入。

3. 秸秆发电

在目前能源紧张的情况下，稻秆发电不仅每年可以消化掉废置的秸秆，而且还可获得可观的经济效益、良好的生态效益和社会效益。丹麦是世界上首先使用秸秆发电的国家，首都哥本哈根的阿维多发电厂建于20世纪90年代，被誉为全球效率最高、最环保的热电联供电厂之一。阿维多电厂每年燃烧15万吨秸秆，可满足几十万用户的供热和用电需求。使用秸秆发电，电厂降低了原料的成本，百姓享受了便宜的电价，环境受到保护，新能源得以开发，同时还使农民增加了收入。现在我国已在部分地区进行发电应用，同时一批新型秸秆发电厂正在投资兴建中。

（四）制造建材及工农业用料

1. 制造建材

不同作物秸秆的重量与品质也不同，可将不同的秸秆加工成各种墙体材料、保温材料等人造板材，可替代大量木材。我国年产小麦 1.3 亿吨，麦秸年产量在 1.5 亿吨位以上。如果每年取麦秸总量的 0.5% 生产板材，可替代 150 万立方米原木。麦秸墙体保温材密度为 0.2~0.25 克 / 平方厘米，导热系数与聚氨酯泡沫、岩棉相似，但其成本仅为它们的 1/4~1/3。棉秆可代替木材制造纤维板、中密度板、保温等。我国年产棉秆 3000 万吨，棉秆的化学成分、组织结构与木材相似，可代替木材制造纤维、中密度板、保温板。1 吨棉秆可代替 0.4 立方米木材，如果利用棉秆总量的 1%，一年就可代替 14 万立方米木材。

2. 其他工农业应用

秸秆曾经是传统的造纸原料，但由于秸秆杂细胞多、硅含量高，在制浆过程中使用化学手段污染大，排放的黑液难以治理，污染回收装置成本高，目前在造纸领域并不受青睐。以稻秆为主要原料可加工餐盒、包装纸，并可提取淀粉、制作酒精及加工苯纤维地膜等。将秸秆固化后做燃料，解决秸秆质地松散，不易储运及热效率低的问题。可以固化成棒状、块状、颗粒状等成型燃料。秸秆反应堆的应用成为稻秆利用的新亮点。秸秆反应堆是把秸秆铺制一定厚度，保证足够的氧气，放上菌种在一定的温度、水分、pH 下可以产生二氧化碳，放出热量，生成矿质元素和抗病孢子，大量补充植物所需二氧化碳的匮缺，让其光合作用大大增强，进而获得高产、优质、无公害农产品的工艺设施技术。其技术特点是以秸秆替代化肥，以植物疫苗替代农药，通过一定的设施工艺，实施资源利用、生态改良、环境保护及无公害的有机栽培。秸秆中分离出的半纤维素在半纤维素酶的作用下转化为低聚木糖，制取淀粉，能用于生产功能性食品，做饲料，酿酒、酿醋等。在部分少数民族地区，利用秸秆编织生活用品及手工艺品。人们利用秸秆搭屋篷、编织草帽、编织盛物的箩等，特别是在云南的丽江、版纳和香格里拉一带的少数民族中尤为突出。

目前秸秆的综合利用技术，正从早期的直接或堆沤还田、烧火做饭取暖、加工粗饲料，向着快速腐熟堆肥、气化集中供气、优质生物煤、高蛋白饲料和易降解包装材料、有价工业原料及高附加值工艺品等方向发展。从农业生态系统能量转化的角度来分析，单纯采用某一种利用方式，秸秆能量转化率和利用率会受到限制。因此，根据各类稻秆的组成特点，因地制宜，把其中几种方法有机地组合起来，形成一种多层次、多途径综合利用的方式，从而实现秸秆利用的资源化、高效化和产业化是未来生态农业发展的必然趋势。

总之，农作物秸秆资源化技术是一项综合性、边缘性的科学技术。各地农业，农机，畜牧等部门要加强领导，制定规章，齐抓共管，与科研部门一道研究优化有地区代表性的实用技术，通过示范村、示范乡、示范县的建设，在一定区域内集中产生秸秆综合利用的规模效益。

第五节 乡村居住环境保护的对策措施

一、扩大宣传，提高对农村环境保护工作的认识

按照"生产发展、生活宽裕、乡风文明、村容整洁、管理民主"的要求，在建设社会主义新农村的过程中，农村环境保护面临着重大的机遇，也存在着严峻的挑战。

加强农村生态环境保护是落实科学发展观、构建和谐社会的必然要求；是促进农村经济社会可持续发展、建设社会主义新农村的重大任务；是建设资源节约型、环境友好型社会的重要内容；是全面实现小康社会宏伟目标的必然选择。

在新世纪新阶段，各级地方政府和有关部门应高度重视农村环境问题，把农村环境保护作为"三农"问题的一个重要内容，采取措施，予以认真解决，并树立长期作战的思想，坚持不懈地抓好农村环保工作，推动农村走上生产发展、生态良好、生活富裕的文明发展道路。

（一）以舆论为导向加强农村环保宣传

农民群众环保意识的增强需要舆论引导，特别是要充分运用广播、电视、报纸、网络等新闻媒体，加强对各级领导和农民群众的环保教育，宣传环保法律法规和知识，提高干部群众对环境保护的认识，增强环境保护责任感，树立"保护环境、人人有责"的环保意识，争做环境保护的主人。通过多层次、多形式的宣传教育活动，引导农民群众树立生态文明观念，增强环境意识。开展环境保护知识和技能培训，广泛听取农民对涉及自身利益的发展规划和建设项目的意见与诉求，尊重农民的环境知情权、参与权和监督权，维护农民的环境权益。

（二）以科学发展观为引领改善农村人居环境

贯彻落实科学发展观，实现以人为本的可持续发展，就必须以解决好农民群众最关心、最直接、最现实的环境问题为着力点，把改善农村人居环境作为社会主义新农村建设中解决环境问题的突破口，以清洁水源、清洁家园、清洁能源为切入点，从办得到的事情抓起。组织农民开展村容村貌综合整治，突出抓好改水、改路、改厕、改灶、改圈等工作，推进农村废弃物的综合利用，引导农民变"三废"（畜禽粪便、农作物稻秆、生活垃圾）为"三料"（肥料、饲料、燃料）。

（三）以创建环境优美乡镇和文明生态村为载体规范村民环境行为

在村容村貌综合整治的基础上，通过开展这一创建活动，高起点、高标准建设新

农村。发动农民从自身做起，改变不良生产生活习惯，如建垃圾固定存放点以改变农民乱堆垃圾的习惯，建沼气池以改变农民烧柴的习惯；引导农民科学合理施用化肥、农药，减轻对土壤的污染；引导农民治理规模化畜禽养殖污染，控制污染源。地方政府和有关部门应切实抓好农村环境保护规划编制工作，认真实施农村环境综合整治规划。鼓励各地积极创建环境优美乡镇、生态村，加大农村地区资源开发监管力度，有计划地扶持一些有利于改善农村环境的建设项目，提高农民共建美好家园的积极性和自觉性，着力保护农村自然生态。

二、充分发挥政府在农村环境整治中的主导作用

（一）科学制定乡村环境保护规划

规划是龙头，地方政府和有关部门应在认真调研的基础上，科学制定当地乡村建设规划，把农村环境保护作为重要内容纳入其中；抓紧编制国家农村小康环保行动计划实施规划，并将这两个规划有机结合，且分步组织实施。这些规划既应立足当前，又应着眼长远。规划中应明确农民生产生活产生的各类污染物的收集和处理等与环保有关的各项内容，这样地方政府和有关部门及乡村干部和群众都知晓农村环保工作如何开展、怎样开展，且目标明确，使农村环保工作有序进行。

（二）建立农村环保的长效运行机制

农村环保工作是一项长期艰巨的任务，应建立政府领导、有关部门协调推进、乡村两级具体落实、农民群众广泛参与的机制。明确政府和相关部门的有关职责，定期研究解决农村环境问题，形成工作制度，促使农村环保工作有计划、有目标、有步骤地进行。

（三）充分发挥中央农村环保专项资金的引导作用

对农村沼气推广、道路硬化、生活垃圾收集等方面，国家和地方政府分级负责给予财政投入或补贴或者以奖代补，引导农民积极建设与环境保护有关的设施，做好与环境保护有关的事情，逐步推动农村环保工作。

（四）抓好示范以点带面

在解决农村环境问题上，应注重以示范带动，以典型引路，供农民解决具体环境问题学习借鉴。坚持量力而行和尽力而为相结合，在示范的基础上，地方政府和有关部门支持、帮助农民实施具体的环保工作。

（五）强化农村环境监管

环保等有关部门应加强环境监管力量和力度，建立和完善农村环境监测体系，定期公布全国和区域农村环境状况。积极推动环保机构向县以下延伸，逐步建立覆盖农

村的环境管理组织体系。加大对农村环保的支持力度，全面开展环境监测、环境执法、环境管理"三下乡"活动。配合立法部门，抓紧研究拟订有关土壤污染防治、畜禽养殖污染防治等方面的法律法规。在加强对工业企业服务的同时，应严肃查处环境违法行为以起到震慑作用；加强排污单位的现场监管，并发动群众举报环境违法行为；严格执行各级政府有关招商引资的规定，坚决杜绝引进高能耗、高污染的项目，加强工业污染防治，尤其要强化在农村地区兴起的工业园区的环境管理，防止工业污染向农村转移。

三、调动社会资源共同推进农村环保工作

农村环境保护工作是一项复杂的系统工程，需要靠全社会的力量共同推进。

（一）广开渠道多方筹措农村环保资金

采用市场机制的办法，多渠道、多层次筹集资金，解决农村环境问题。除政府财政投入外，还应有部门支持、农民和农村集体组织在承受能力内自筹等措施，争取多方支持，建立长效、稳定的多种投入保障机制。

（二）发挥高校与科研院所的优势依靠科技进步解决农村环境问题

农村环境问题的解决不仅需要资金的保障，还需要技术的支持。由于农村环境污染与生态破坏的问题涉及面广、问题复杂，针对农村特点的污水、垃圾处理、污染土壤修复、饮用水源保护的技术性很强，这就需要充分发挥高等学校、科研院所的人才技术优势，依靠科技进步来解决农村环境综合整治的相关技术难题。

（三）充分调动农民群众建设清洁村庄清洁家园的积极性

农村环境保护涉及千家万户，农民群众是保护自身生活生存环境的主体，因此保护农村环境需要广泛发动群众，充分调动农民群众建设清洁村庄、清洁家园的积极性，形成全社会、全体农民群众自觉维护村落环境的良好社会氛围。

四、强化农村环境综合整治的财政机制建设

农村环境综合整治是一项长期、系统的工作，财政部门要充分发挥职能作用，进一步建立健全与农村环境保护相关的财政体制机制建设，切实保证农村环保资金来源长期稳定，资金使用管理规范高效，进而推动农村环境综合整治目标的有效实现。

（一）合理构建长效稳定增长的投入机制

优化财政结构，确保财政支出不断向农村环保倾斜，建立稳定的农村环保经费增长机制，并逐步提高农村环保投入占整个环保投入的比重，从制度上保证农村环保投入拥有稳定的增量资金来源。在加强相关部门间协调配合的基础上，统筹安排不同层

面分散管理的农村环保专项资金，积极整合农村环保存量财力资源，使既有财政性资金的使用效能得到最大限度的发挥。同时，积极争取社会赞助，并吸引世界银行等国际组织贷款向农村环保领域倾斜。

（二）合理构建成本多方分担的运营机制

在积极发挥政府主导作用的同时，建立完善政府、村组、村民、企业、民间组织、社会公众等多方参与机制，多渠道筹集农村环保资金。有条件的地区可从城乡维护建设费中提取一定比例的资金，建立农村环境综合整治准备金制度，用于补贴农村环境综合整治工程的后期管理与维护，通过市场化经营与财政补贴相结合的方式，形成长效管理机制。切实推进环保投资 PPP 模式（公私合作），通过制度创新充分发挥市场机制与政府干预的各自优势。积极利用清洁发展机制（CDM）促进农村环保筹资和投资。努力寻求开发性金融机构对农村环境基础设施建设的资金支持。不断强化工业园区和乡镇企业治污的责任意识，建立企业环境治理与生态恢复责任共担机制。

（三）合理构建长期可持续的管理机制

科学划分政府间农村环境保护事权范围，在此基础上，结合"乡财县管"改革，强化合理的财力匹配机制建设。建立"以奖代投"机制，对治污取得较大成效、农村群众生产生活条件明显改善的地区给予财力奖励代替财政投入，充分调动基层政府和农村群众参与环境综合整治工作的积极性，实现农村环保综合整治的良性循环。加强横向转移支付制度建设，完善生态补偿机制。对农村环保基础设施受益范围存在交叉的情况，鼓励相邻乡镇之间共建、共享，提高投资规模效益，节约建设成本，确保农村环保工作的长期可持续性发展。

（四）合理构建安全高效的资金使用制度

确立农村环保支出的优先和重点保障地位，预算安排和执行环节要严格遵守相关制度和操作规程，确保农村环保预算资金安全、有效地用于农村环保支出。加强对农村环保资金使用的绩效评价和监督检查，确保上级专项资金和转移支付资金切实运用到环保项目支出上。积极采取报账制，杜绝任何形式的截留、挪用。建立责任追究制度，形成制度性约束。加强相关政策的宣传教育，保证资金使用公开透明，切实保障广大农民的知情权，形成民众广泛参与监督的良好氛围，提高农村环保资金的使用效率。

五、加快农村环境保护的立法与制度保障

应建立农村环境保护的全国或地方性法规和规章。地方政府和有关部门应制定关于农村环境保护的规范性文件，并抓好落实，规范影响农村环境的各种行为，做到农村环境保护有章可循。特别应尽快制定并出台农村环境污染治理相关规章制度，依照

环境保护及卫生、农业、畜牧业等法律法规，结合实际情况，制定保护农村环境的长效管理机制，做到有章可循，明确各级各部门职责，用法律及行政手段保护和改善农村环境。

第四章　生态型美丽乡村规划设计要点

第一节　美丽乡村整体规划设计

我国乡村景观规划设计起步较晚，关于乡村景观规划设计的理论和体系还不完善，这就导致当前农村发展过程中存在着许多生态问题。我国是一个农业大国，乡村面积较大，因此需要重视乡村景观规划设计工作，以现代农业资源为基础，依托于乡村自然生态环境，将乡村景观、经济生产有效地结合在一起，并重视先进技术的引进，从而打造出美丽的乡村，为现代农业、生态农业和高效农业的实现奠定良好的基础。

一、乡村整体规划设计的原则

（一）尊重和保护自然生态环境

在乡村景观规划设计过程中，需要遵循保护自然生态环境的原则。打造美丽的乡村，不能以破坏自然生态环境为代价，在具体规划设计过程中要充分地利用科学技术，并将其与人类及自然环境有效结合，从而打造出一个具有人文景观风貌的乡村，为农民提供一个更舒适的生活环境。

（二）尊重地域文化特色

在乡村景观规划设计时，需要保留乡村的原始风貌。乡村的民风民俗作为历史遗留下来的宝贵财富，在规划设计时要充分地保留这些历史宝藏，尊重地域文化特色，从而增加乡村的文化内涵。

（三）可持续性发展

在当前乡村发展过程中，人们受制于社会条件，往往对自然环境资源利用较多，这也给自然环境带来了较大的破坏。因此在乡村景观规划设计过程中需要遵循可持续发展原则，有效地保护好乡村自然资源，避免出现乱砍滥伐的现象，充分地实现对环境资源的有效利用。

二、乡村整体规划设计的内容

（一）村落景观

村落作为一个综合体，属于一个较为复杂的系统。村落景观要具备较高的欣赏价值，以此来吸引旅游者，使游人能够享受景观资源。而且通过将社会、生态、文化和村落形态等诸多元素进行有效组合，从而形成错落有致的景观，为乡村打造出适宜开发旅游的风景。按照物质形态来对村落景观的要素形式进行划分，可以分为点、线、面三种形态。

1. 点

无论是在村落布局还是在景观效果上，点都具有非常重要的作用，点的存在会增强景观的中心感，使景观更具向心性和标志性。可以将村落景观看成一系列点状空间，将不同的节点进行组合，从而形成丰富的村落景观。

2. 线

点运动的轨迹即为线，同时线也是面运动的起点，线具备多种形态的造型元素，具有较强的表现性和概括性，因此在村落景观规划设计中，可能将线作为街景艺术的重要单元，利用线来决定村落景观空间形态的轮廓线，并利用线来表现村落内部的结构和组成。乡村景观中的线性景观，在连接各景观要素中发挥着非常重要的作用，通过线性空间的曲直变化及动静结合，从而打造丰富及优美的村落景观。

3. 面

面在景观中分布范围十分广，而且具有非常好的连通性，在村落景观中，面充分地集合了村落景观诸要素的特征，不仅决定着景观的性质，而且对景观的动态发展也起着主导性的作用。

（二）农业观光园

在乡村景观规划设计中，农业观光园作为非常重要的一项内容，以休闲和观光作为主题，以高科技现代农业生产为基础，集多功能于一体，通过广泛的资源和多样的形式打造出来的乡村农业观光园能够吸引大批游人，成为乡村旅游不可或缺的主要形式。在农业观光园中，充分地将农业资源与旅游资源进行结合，将乡村特有的文化、民俗风情和技艺进行传承和延续，从而打造出具有特色的乡村景观。

（三）旅游配套服务设施规划

1. 公共服务设施

公共服务设施是指为游客在旅途中应对日常事件、突发事件，增加其逗留时间和消费的设施，此类服务设施具有布局分散、规模小的特点，同时又是游客旅游过程中必不可少的部分。因此，在乡村公共服务设施规划上，可以采取统一规划布局的措施，根据乡村的游客量、需求量，按照合理的服务半径，设置游客咨询中心、公厕、超市等，将各种服务设施遍及整个村域，构成完整的服务设施系统。

2. 旅游标识系统

旅游标识系统主要是反映乡村的景观节点、服务点及道路交通等旅游信息，指导游客能够快速、便捷地找到理想中的目的地。因此，在乡村入口、道路沿线、重要节点附近设置指示牌、标识牌，增加特色鲜明的景观元素，加强标志性特色，便于游客及时获得相关的导游信息。在标识景观设计中，根据乡村所处的区位、资源、环境，充分运用当地的材料，设计具有乡土气息的景观设施。

三、乡村整体规划设计方法

（一）尊重传统村庄肌理，构建聚落温馨格局

乡村在长期发展和演变过程中形成了更适应自然的环境，因此在乡村景观规划设计过程中，需要遵循传统村庄的肌理，有效地保护乡村原有的风貌，构造出温馨的乡村格局，为居民打造良好的生活氛围，增进居民之间的情感交流，营造出温馨的氛围。同时，在乡村景观规划设计时，要通过合理的设计和布局，有效地保护好自然环境和资源，进一步挖掘对乡村规划有利的景观素材，从而打造出美观的乡村环境。

（二）发扬乡村的地域特色和魅力

乡村历史文化风貌及民俗文化等都是展示乡村特色的传统文化，也是当地百姓的精神财富。因此在乡村景观规划设计过程中，需要进一步突出地域民俗色彩，充分地运用乡村特色来使生活环境和自然环境有效地结合，展现出乡村景观的文化魅力，提升乡土气息，这不仅有利于推动乡村旅游业的发展，而且对带动乡村经济的发展也具有积极的意义。

（三）构造尺度宜人的乡村生活空间

乡村的居住部落和街道形成了乡村空间，其中街道起着有效的连接作用，以此来形成具有特色的乡村地理风貌。因此在乡村景观规划设计时，要遵循合理适宜的原则，更好地显示出道路布局的合理性，确保道路顺通，从而为居民生活带来更多的便利。而且在具体规划设计时，当需要添加一些公共服务设计时，不能对村民正常的生活带来影响，要通过科学的设计，采取合理的尺度，从而为村民打造一个舒适、宜居的乡村环境。

近年来我国农村取得了较快的发展，因此需要对乡村景观规划设计给予充分的重视。在具体规划设计过程中需要遵循因地制宜原则，依托于乡村的地域特色及自然环

境资源，为村民打造出美丽宜人的乡村景观。乡村景观规划设计是一项系统、复杂的工程，不仅具备民俗色彩，同时还具备一定的文化底蕴，而且通过景观的规划设计，要有效地提升当地的经济效益，更好地带动当地的旅游业发展，为乡村经济的健康、持续发展奠定良好的基础。

第二节　美丽乡村居住空间设计

人类最主要的社会活动场所是我们的居住空间。居住空间模式可以反映一个国家或地区的经济生产水平、物质与精神文明、文化渊源等诸多方面。在人类生产生活中，人类的居住环境与自然相互依存。农村居住环境作为人类从事农业生产活动之后聚集形成的生活空间，是人类居住空间的重要组成部分。随着经济的快速发展，新农村建设正在稳步发展，人民生活水平不断提高。在新农村建设过程中，农户居住空间作为农村空间结构的重要组成部分，直接关系到人们日常生活领域的建构，其景观设计直接影响了新农村建设中农户对外部空间的感知与认识。本节着重从适应现代发展要求出发，在总结相关概念的基础上，分析新农村建设中农户居住空间景观设计的要素与原则，探讨其景观设计中蕴含的新颖性，并针对新农村建设农户居住空间形态发展趋势提出相关政策建议，以期推动农户居住环境、新农村建设的健康发展。

一、乡村建设农户居住空间景观设计要素

（一）建筑要素

农村景观的主体是建筑实体。在新农村建设过程中建筑的设计要求为：（1）在设计理念上，保留体现传统建筑艺术或古代文化风貌的有价值的传统古建筑，同时对传统建筑要素进行创新设计，将现代建筑的空间设计与传统农户的居住空间元素相结合。（2）在建筑材料上，将传统建筑形式与现代建筑材料相结合，外在形式与内在功能相结合。（3）在使用功能上，要将人们对居住空间的现代化条件与景观设计的审美需求相结合。

（二）植物要素

植物是居住区环境景观的构成元素，居住空间的植物分布，不仅可以体现当代文明发展，也在一定程度上满足了农户对环境的要求。在居住空间景观设计中植物的栽植要求为：（1）结合场地要求，尽量选择易管理、抗性强、对土壤水分要求低的本土植物。（2）充分利用植物的季节交替性，实现景观的可持续性。（3）根据居住区空间设计对植物合理布局，丰富居住区景观。

（三）道路要素

道路是居住景观中的框架，不仅具有满足交通组织、划分空间的作用，同时也是重要的视线景观。在新农村建设中，应对道路的宽度、材料、装饰纹样等进行综合考虑，实现其导引性与装饰性的作用。在道路规划上，应具有明确的导向性，农村中的主道路可由混凝土、沥青等耐压材料组成，满足道路通达的需求，而农户住宅之间的道路可根据当地特色与审美设计的需求富于变化，增加道路的艺术感染力。

（四）水要素

在农村中，人们的生产、生活、娱乐等很多方面都与水保持着比较亲密的关系。水不仅可以灌溉农田，滋养万物生长，还能调节空气湿度，调节农村地区的环境气候。对于居住空间的水要素的景观设计，要充分尊重自然，保持原有的水体景观环境，在维持原生水系布局形式的基础上，合理布局，引导居住空间的水景观设计，实现生态环保与审美效果的结合发展。

二、新农村建设农户居住空间景观设计原则

（一）整体布局原则

在农村与小城镇中，农户普遍缺乏整体布局规划的意识。因此，在新农村农户居住空间的景观设计中，不能照搬城市的建筑形式、街道布局等等，要在正确理解新农村意义的基础上，具有整体规划意识，在规划与改造的基础上进行景观设计。不同地区的农村，由于地理环境等条件的不同而应有不同的类型，因此应该根据当地环境，采用不同功能的空间布局，实现生产、生态环境及农户居住空间的和谐统一，进一步体现新农村的特色。

（二）因地制宜原则

农村的地形地貌、绿地植被、富有特色的民居庭院等要素都是宝贵的景观资源。在新农村建设农户居住空间的景观设计中，尊重并强化原本的居住空间的景观特征，正确处理农村所处的地域中所表现出的建筑风格的普遍性，继承传统，保持本土特色，创造农村景观的个性化设计，使新建景观能够和谐地融入当地环境中。另外，处于不同地区的村庄具有不同的文化特色与风俗习惯，在农户居住空间景观设计中要体现农村文化主题，继承积极的文化，提高安全性与文化设计的比例。

（三）保护生态的原则

农村不仅可以为全社会提供粮食，而且具有保护环境的重要功能。在新农村建设中，农户居住空间的景观设计首先要保护当地的生态环境，进行生态设计。生态设计是指尊重自然，保持当地植物植被与动物栖息地的质量，尊重景观的多样性，将对环

境的破坏实现最小化，改善人类居住环境。因此，新农村农户居住空间景观设计首先要贯彻生态优先的原则，合理利用自然资本，解决自然环境与人类生产之间存在的矛盾，维系好农村生态的可持续发展。

（四）经济适用的原则

住宅与生活方式密切相关，房屋建设要符合"节约型社会"的要求。因此，在居住空间的景观设计中要从现实条件出发，有效地利用财力与物力，实现价值的最大化，要尊重自然环境，在经济适用原则下，提高土地利用率，实现农户居住空间的实用性与审美要求，用较少的材料与较简单的工艺规划出较舒适的居住空间，从而提升人居质量，引导农民科学生活。

（五）以人为本的原则

在景观环境设计中，设计师服务的对象首先是人，因此居住空间在设计中应尽可能地从人的方向出发，需要加强对"人本主义"的研究认识，从文化认同感上强调人与景观之间的相互作用，创造符合现代生活模式的居住空间。"以人为本"的景观设计原则要求从居民的多样化需求出发，同时在景观设计中要突出地方特色，实现个性化与多样化发展。

三、新农村建设农户居住空间景观设计的新颖性

（一）传统与现代的融合

目前，现代农村不再具有传统村落自然生长的环境与空间，在新农村建设农户居住空间景观设计中主要体现传统与现代的融合。一方面，注重通过人为的设计与规划来保证空间的质量与文脉的传承，通过设计吸收农村传统居住空间景观设计模式来实现现代农民情感中对"家"的归属感与伦理价值；另一方面，融合现代新功能、新空间，采用新结构、新技术满足农户多元化要求。在物质功能空间上，具有传统的生活、生产、储存空间及可持续发展的适应性空间。在精神功能空间上，满足农户的归属感、认同感，将地方传统民居的内核融入现代风格的设计中，赋予其新的内涵。

（二）物质与非物质文化景观的融合

从广义上来说，一切景观都与文化有关。文化景观反映出文化的进程与人对自然的态度，同时折射出一个国家、地区及民族的发展历程。可以根据不同的标准将文化景观划分为不同的类型，根据可视性可以分为物质文化景观与非物质文化景观。物质文化景观如衣食住行等是实体存在的；非物质文化景观如宗教信仰、道德观念、风俗习惯等是无形的。

在我国新农村建设农户居住空间景观设计中，要在建筑形式、居住空间创造等方

面，充分融入物质文化与非物质文化景观。民风民俗共同构成了地方人文生活景观，并对环境产生了深远的影响。因此在新农村建设中，农户居住空间景观设计要对传统的建筑形式、民风习俗等方面加以扬弃，深入挖掘当地的文化与特色风俗，创造文明和谐的农户居住空间。

（三）传统公共空间与新兴公共空间的融合

在我国农村中，十分重视传统公共空间的建设。传统的公共空间主要包括传统节日与民间祭祀活动的场所，如戏台、庙会等，旨在满足农户的社会交往需求，提高生活水平。随着社会经济的发展，新农村建设日益重视满足农户精神与生活的双重需求，兴建了许多新的公共空间，如医疗室、文化社区等。在新农村农户居住空间的建设中，一方面适当改造了传统的公共空间，美化了景观，传播着重要的传统民族文化。另一方面，新兴公共空间的建设与农村整体景观相协调，创造出丰富多变的空间层次，促进了传统公共空间与新兴公共空间的融合。

四、新农村建设农户居住空间景观设计建议

（一）建立与完善综合决策机制，加强农村居住空间基础设施建设

建设中的新农村是社会能够可持续发展的重要主阵地，也是能够实现经济效益、艺术、生态的最好结合点。新农村建设中农户居住空间的景观规划与设计需要强劲的经济基础做后盾，因此政府应该扮演主导角色，建立与完善综合决策机制，加强新农村居住空间景观设计规划与管制，规范规划与设计秩序、逐层管理，在政府层面加大经济投入，实现生态、社会、经济效益最大化，促进农村规划与设计的可持续发展。同时，要加强农村居住空间基础设施建设，划分出不同的功能与活动区域。具体来说，应该改善农村道路与农户居住条件，完善文化娱乐设施配备，注重实用性与艺术性相结合，丰富农民的文化生活，在社会、环境、生态建设方面实现平衡与发展。

（二）促进公众参与与监督，加强新农村景观设计宣传

人类社会应该有这样的共识：个人的舒适是以社会的发展与良性运转为基础的，只有在良性运转的社会中，居民才能有好的环境。村民是新农村建设的主体，新农村建设与规划必须依靠村民的认同与参与。因此在新农村农户居住空间景观设计中，应该综合运用教育与宣传的手段，增强全民的生态与可持续发展的景观设计意识，形成良好的村民与设计建设团体的互动，让村民监督设计的规划与后期的运转。

（三）注重设计过程与实际应用的对应性，强调居住空间景观的共享性

在新农村建设中，居住空间景观设计的出发点不能仅仅停留在表面形式的创新上，还要切实地为广大农民服务，尊重场地的服务对象。对后续设计要坚持经济适用原则、

延续景观原则，使设计方案与实际应用相结合。同时在设计过程中，要更加强调居住空间资源的共享性，尽可能地利用现有的自然资源进行规划，强化院落空间的舒适感、安全感、美感等环境要素，利用各种环境要素丰富空间的层次，从而创造温馨、朴素、祥和的居家环境。

第三节　彰显乡村的传统文化

当今，乡村文化在我国出现快速消失的现象，经济的快速发展是其中的一个重要原因，但是对于文化的拥有者村民来说，对自身传统文化的鄙夷，也使得许许多多珍贵的文化被丢弃、损毁了。纵观中国经济快速发展的 30 年间，有很多有着悠久历史的村落不断消失，或者就算没有消失，也被破坏得七零八落，门窗、院落都被千篇一律地改造成了砖瓦混凝土结构。就是因为村民们对自身传统文化的不重视、不珍惜，造成了乡村传统文化遗产的消失。

2013 年 7 月 22 日，习近平来到进行城乡一体化试点的鄂州市长港镇峒山村。他说，实现城乡一体化，建设美丽乡村，是要给乡亲们造福，不要把钱花在不必要的事情上，比如说"涂脂抹粉"，房子外面刷层白灰，一白遮百丑。不能大拆大建，特别是古村落要保护好。

习近平说，即使将来城镇化达到 70% 以上，还有四五亿人在农村。农村绝不能成为荒芜的农村、留守的农村、记忆中的故园。城镇化要发展，农业现代化和新农村建设也要发展，同步发展才能相得益彰。

乡村文化包含大量独特的乡土建筑、宗族传衍、村规民约、民风民俗、生产方式、历史记忆等，是中华民族优秀传统文化不能脱离的"生命土壤"。但是从当前的情况来看，乡村的传统文化保存现状堪忧，关键问题是村民没有意识到保护传统文化的必要性。在柘城县马集乡闫庄村走访中，笔者了解到一位闫姓村民需要翻盖老屋。老屋大概是新中国成立前修建的土坯瓦房，由于年代久远需要翻新，其实就是拆掉重建，在重建过程中所有老屋的材料将被全部丢弃，使用砖瓦结构。老屋内使用的一些家具，比如新中国成立前土改分得的木床，准备拆除。至于不再使用这些家具的原因，大都是不合时宜了，新家具又好看，又实用。村民并没有意识到保护这些家具的必要性，已多年未修的族谱，还有荒草丛生的祠堂，都象征着传统文化的没落。

出现这些问题的原因有以下几个方面。

1.村民的自主性不强，对于传统文化的保护没有主动性，甚至对传统文化产生鄙夷的情绪。改革开放 30 年让城市经济快速发展，同样也引领了新的生活方式，乡村一直被认为是落后的代表，有能力的村民到城里置业买房甚至迁移，没有能力的村民也希望通过模仿城市人的生活，获得更大的心理满足。对于传统的生活方式和文化就产生了丢弃的情绪。

2.由于现代化进程的不断加快，乡村传统的集体耕作、集体看电影、赶集、集体听戏等媒介的公共空间被人们忽视，以电脑、手机、电视等媒介聚合成的虚拟空间正在逐渐形成，在传统文化遭受鄙夷的状况下，与现代化相行渐远，这就造成了乡村传统文化难以实现传承和再生产。

3.乡村文化缺少持续发展机制。当前很多学者提出让艺术家、学者入住有文化底蕴的乡村，为乡村文化传承与创新增添新的发展机遇。当然这种策略为一些乡村发展带来了新的生命力。但是在很多时候都是繁华过后，很快又回归朴素，艺术家、学者并不能长期留在村里，对乡村没有归属感。真正能给乡村带来持续发展的还是本地乡民。另外是保护传统文化的资金支持，即村民集资与姓氏理事会资助。但是这很大程度上取决于村领导与所谓村里的能人的能力，在组织不力的情况下，很容易造成资金的缺乏。

4.让人们在新媒体上猎奇，看世界的时候，对传统文化的探究兴趣很低，传统文化对新媒体的利用程度也非常低，很难对传统文化元素进行传播和推广。

但是在问题视角下，不能忽略传统文化的凝聚力与生命力。在乡村中仍有非常活跃的公共空间，发挥着交流情感，凝聚乡民情感的作用。比如红白喜事的吃桌文化。"吃桌文化"是乡村传统文化的代表。准备红白喜事的乡民会提前置办材料及工具，聘雇主厨，议定吃桌的日子。现在有很多这种移动的宴席，主事人只需要出钱就可以把宴席承包出去。在办事的当天，聘雇的主厨便会带着自己的帮手携带食材、工具等，赶到村民家中，制作当天宴席的菜品。在乡村，红白喜事这样的大事，都离不开"吃桌"。这种习俗也是村民们以及亲戚之间，交流感情、礼尚往来的重要渠道。参加宴席的亲戚朋友及村民给办事的人送礼金，办事人会提前通过请帖等方式邀请亲戚朋友来参加宴会。在宴会期间，有时候也会商讨家族、村里、亲戚之间的一些大事，并在相互之间联络感情。在宴会中所谓的"吃桌"是讲究排场和热闹的，乡民们在宴会中沟通交流的内容也突破了往日的各种规矩，谈话的内容也很随意，朋友之间、亲属之间的感情也在这种场合中得到了维护，乡民之间也更加有凝聚力。在宴席中，小孩子更为活跃，虽然他们不懂聚会的意义，却成为乡民间谈论的话题，起到了调节气氛和联系情谊的作用。宴席虽然氛围活跃，但大都遵循着传统的男女分桌习俗，按照辈分、长幼的次序分别坐在不同的位置上。女人们一般在酒席中闲聊家长里短，谈论许久未见的感情。男人们有的帮助主事人打理事务，或者辈分高的在一起商讨家务事，这时候他们也都会发挥着重要的决策作用。

除此以外，在乡村还有一个凝聚村民的公共空间——祠堂，虽然在很大程度上有了衰落，但是在同族间的凝聚力方面，非常有分量。在当今的网络时代，如果能把祠堂作为一种媒介，联系同族间的情谊，利用网络增加其传播力，是保护传统文化的一种非常必要的手段。保护传统文化，传承传统文化，离不开网络的助力以及乡民自觉主动地发挥以及公共空间的复兴。国外有研究发现，同族家谱，不仅仅是辈分的排布，同样具有很高的生物学、历史学、社会学及传播学的研究价值。所以，乡村文化振兴要以乡民为主体，激发乡村的内生动力，重新解构传统与当今时代，跨越专业化、职业化的文化实践，并以此为基础建构出乡村文化振兴。

5G 的推广应用加快了社会信息化的发展，网络对传统文化的传承和建构机制都带来了改变。传统文化的传播应突破时空限制，让每一个参与者都可以对传统文化进行重新编码和解码。充分发挥网络媒介，激发传统文化的生命力。

位于河南省柘城县安平乡的村民，已经开始利用网络上的朋友圈、QQ、微博、网页等渠道，将姓氏族谱、名人、土特产等带有传统文化的内容制作成视频、文字、图片等形式在网上进行传播。但是在走访中发现，大部分的乡村，依然没有把传统文化及乡村民俗进行网络传播。那些想要传承传统文化的人，在很大程度上对互联网及网络保持着一种观望及排斥的态度，不是他们被网络排斥在门外，而是由于年轻人对网络的依赖，让他们感觉网络就只有消遣的功能。关键问题在于如何采用创新的手段及创意，对传统文化进行加工再生产，从而更加适应网络的传播。对此，笔者认为，应鼓励村内的年轻人使用朋友圈、抖音、快手等短视频平台，淘宝、拼多多等电商平台，创造更加广阔的虚拟公共空间，来赋予传统文化及乡风民俗新的生命力。

当前，我国城乡二元结构正在逐步瓦解，城市化进程中的相似性已经无法避免，但是孕育着传统文化的乡村，反而是人们汲取精神养料的地方。乡村在当前的发展机遇中，也亟待探索内生性发展机制，从而实现保护及传承传统文化，让人们还能够看得到传统文化、乡风民俗。所以要充分利用网络媒介，传承传统文化。比如通过在村里建立微信群，组织相关的交流活动。建立网上专区，把一些有着乡愁记忆的传统耕种工具、有象征意义的地点制作成视频等资料在网络上传播。在乡村着力发展公共空间建设。让公共空间从虚拟到现实都得以实现。公共空间是进行各类决策的地方，乡民间的人际关系、经济发展等问题，都可以进行商讨。建设村内文化广场，定期组织村民观看学习强国视频、学习领会党和国家重要会议精神，组织村民成立戏班、象棋社等团体，定期组织比赛、会演，让文化广场活跃起来。无论是吸纳艺术家的入住，还是组织社会力量活跃文化氛围，最关键的问题还是村民自主意识的觉醒。只有乡民们有了对自身文化及身份的认同，才能积极投入乡村的建设中来，才能更好地传承及传播传统文化，建设美丽乡村。

第四节　凸显乡村的生态特色

乡村与城市的功能有很大差异，具有自然环境方面的特色，所以进行规划设计时一定要尊重自然，保护自然，科学合理地进行建设，以凸显乡村生态特色。新源县肖尔布拉克镇在新村区域建设了酒文化博物馆、红军团博物馆及那拉提国家湿地公园，实现生态资源保护与开发的协调，凸显了当地的乡村生态特色。

建设美丽乡村是打造城乡统筹的内在要求。建设美丽乡村，规划是先导，制定《美丽乡村示范村创建标准》，立足各村的区位、人文、生态等优势，因地制宜、因村而异，做深、做细美丽乡村建设规划，明确建设"美丽乡村"的目标要求，具体细化工作任务，根据各自的建设目标、建设类别、建设层级，有计划、有步骤地加快推进。以环境优美、生活甜美、社会和美为目标，以传承文明、提升文明、展现文明为主线，为推进美丽乡村建设提供蓝图，描绘城市人向往、农村人留恋的乡村新风貌。规划范围要跳出村域概念，必须考虑与自然环境的协调，考虑与周边村、镇的联动，考虑同主城区、县城、中心镇和中心村在空间上的呼应与产业上的互补。

做好人口集聚的基础设施配套、土地复垦和"一村一品""一村一景"等文章，充分彰显乡村的特色和韵味。围绕产业发展生态化方向，大力打造绿色农业、生态工业等，以青山、碧水、蓝天为特色，发展集现代文明、田园风光、乡村风情于一体的旅游休闲经济，精心打造都市人向往的魅力乡村。

通过"点"上重点突破，推动"线"上整体提升，带动"面"上逐步推进，要注重文化融合，挖掘文化特色、寻求文化融合点、彰显文化元素，注重发挥文化对引领风尚、教育人民、推动发展、促进和谐的作用，实施文化惠民工程，丰富和提升"美丽乡村"内涵，让"美丽乡村"更具魅力。

苏州市常熟市蒋巷村位于常、昆、太三市交界的阳澄水网地区的沙家浜水乡。50多年前的蒋巷村，还是一个"小雨白茫茫、大雨成汪洋"，穷土恶水、血吸虫流行而且偏僻闭塞的苦地方，村民绝大多数住着泥墙草房。在村党支部书记的带领下，怀着"穷不会生根，富不是天生"的信念，下定"天不能改，地一定要换"的决心，进行新农村建设。调动发挥村民群众的积极性、创造性，建成了如今"城里人羡慕，本村人舒服，外国人信服"的独具江南风情、苏州风貌、鱼米之乡特色的"绿色蒋巷、优美蒋巷、整洁蒋巷、和谐蒋巷、幸福蒋巷"。

美丽乡村建设一方面通过发挥农村的生态资源、人文积淀、块状经济等优势，积极创造农民就业机会，促进都市农业的转型升级，加快发展农村休闲旅游等第三产业，拓宽农民增收渠道；另一方面，通过完善道路交通、医疗卫生、文化教育、商品流通等基础设施配套，全面改善农村人居环境，着力提升基本公共服务水平，解决农民群众最关心、最直接、最现实的民生问题。乡村的"美丽"，不仅体现在住宅、村庄等固有物质的舒适、洁净和宜居上，而且必须表现为百姓精神状态上的积极、进取和生存环境的和谐、生态，以"讲文明、讲科学、讲卫生、树新风"为重要内容，建立长效机制。

美丽的乡村，诠释了"生态宜居村庄美、兴业富民生活美、文明和谐乡风美"的丰富内涵，彰显了由"物"的新农村向"人"的新农村迈进的建设理念，寄托了农民群众过上幸福美好生活的向往与期盼。

美丽乡村的建设必须因地制宜，培育地域特色和个性之美。要善于挖掘整合当地的生态资源与人文资源，挖掘利用当地的历史古迹、传统习俗、风土人情，使乡村建设注入人文内涵，展现独特的魅力，既提升和展现乡村的文化品位，也让绵延的地方历史文脉得以有效传承。

第五节　美丽乡村建设模式的特点及选择

美丽乡村建设是构建美丽中国的重要组成部分，也是我国生态文明建设的重要组成部分。党的十八大报告提出"要努力建设美丽中国，实现中华民族永续发展"，强调必须树立尊重自然、顺应自然、保护自然的生态文明理念，明确提出了包括生态文明建设在内的"五位一体"社会主义建设总布局。作为我国社会主义新农村建设的升级换代，基于尊重自然、顺应自然、保护自然以生态文明理念为指导的美丽乡村建设，是当前深入贯彻落实科学发展观的战略抉择，是在发展理念和发展实践上的重大创新。美丽乡村建设之于新农村建设，不仅仅是"生产发展、生活宽裕、乡风文明、村容整洁、管理民主"的简单复制，而更多的是包含了在"生产""生活""生态"三生和谐发展的思路中，对整个"三农"发展新起点、新高度、新平台的新期待，即"以多功能产业为支撑的农村更具有可持续发展的活力，以优良的生态环境为依托的农村重新凝聚起新时代农民守护宜居乡村生活的愿望，以耕读文化传家的农村实现文明的更新，融入现代化的进程"。

当全国各省市多数地区还在对如何建设美丽乡村、建成何种美丽乡村孜孜不倦的探索时，中国农业部科技教育司借第二届美丽乡村建设国际研讨会（2014年2月24日中国美丽乡村·万峰林峰会），发布了中国"美丽乡村"十大创建模式。据介绍，这十种建设模式，分别代表了某一类型乡村在各自的自然资源禀赋、社会经济发展水平、产业发展特点以及民俗文化传承等条件下建设美丽乡村的成功路径和有益启示。十大创建模式发布后，在全国引起了强烈反响；同时，代表每种模式的典型示范村也成为全国各地美丽乡村建设争相学习、观摩的范本和参考。

本节通过对这十个典型示范乡村的简单介绍及对其相应模式的综合性评价，旨在为不同区位、不同资源禀赋条件、不同社会经济发展水平下不同乡村的"美丽建设"提供一点参考。

一、当前的美丽乡村建设模式简述

（一）产业发展型模式

该模式的典型示范村是江苏省张家港市南丰镇永联村。永联村位于我国东部沿海地区，区位优势明显，耕地资源贫乏，曾经被称为"江苏最穷最小村庄"。从改革开放以来，永联村为解决全村村民的温饱问题，想尽办法搞集体经济，经过多种尝试，敏锐地抓住轧钢这个行当，实现了永联村经济上的第一次飞跃。在工业发展大踏步前进的同时，永联村通过对土地聚合流转，逐步形成以4000亩的苗木基地、3000亩粮食基地、400亩花卉基地、100亩特种水产基地和500亩农耕文化园为依托的现代农业产业体系。与此同时建设了村民集中安置社区，同村范围内拆旧建新，居住用地更加集约，使永联村逐渐形成了生态环境优美、土地节约集约、生产生活便利的新型社区。永联村依靠村办企业的产业优势、农民专业合作社等特色，实现了农业生产聚集、农业规模经营，这种农业产业链条不断延伸的模式，带动效果明显，使其成为全国建设美丽乡村"产业发展模型"的典型参考范本。

（二）生态保护型模式

该模式的典型示范村是浙江省安吉县山川乡高家堂村。高家堂村位于浙江省西北部的内陆地区，是一个竹林资源丰富、自然环境保护良好的浙北山区村。自2000年以来，高家堂村坚持以生态农业、生态旅游为特色的生态经济呈现良好的发展势头。依靠丰富的竹林资源，建设生态型高效毛竹林现代园，发展竹林鸡规模化养殖，成立竹笋专业合作社，发展高家堂村的生态农业产业；依靠优美的竹林自然风景，成立农家风情观光旅游公司、休闲山庄等项目，发展高家堂村的生态休闲旅游产业。为减少生活垃圾及生活污水对环境的影响，高家堂村在浙江省农村第一个引进美国阿科蔓技术生活污水系统项目，全村生活污水处理率达到85%以上，并建成了一个以环境教育和污水处理示范为主题的农民生态公园。优越的自然条件，丰富的水资源和森林资源，传统的田园风光和乡村特色，再加上明显的区位优势，造就了高家堂村以生态立村的发展主线。这种集生态农业、生态休闲、观光、旅游为一体，把生态环境优势变为经济优势的可持续发展之路，使其成为全国建设美丽乡村"生态保护模型"的典型参考范本。

（三）城郊集约型模式

该模式的典型示范村是宁夏回族自治区平罗县陶乐镇王家庄村。平罗县地处宁夏平原北部，距银川 50 公里，是沿黄经济区的骨干城市，是西北的鱼米之乡，有"塞上小江南"的美誉。2013 年平罗县农民人均纯收入 9172 元，属于宁夏回族自治区内的经济发达地区。王家庄则位于平罗县沿黄经济区内。近年来，该村充分利用当地肥沃的耕地资源，大力发展精细农业、蔬菜种植生产，推动当地现代农业发展，深入推进农业集约化、规模化经营；充分利用黄河水资源，加大生态水产养殖业开发力度，积极参与沿黄旅游业的发展，已经形成了观黄河、游湿地、看沙漠、吃河鲜的观光休闲胜地，实现了第一产业和第三产业有效对接的发展模式。显著的区位优势，肥沃的土地，丰富的黄河水资源，较高的土地出产率，较高的经济收入，使得该村成为十大模式中西部地区美丽乡村建设唯一的代表，也成为全国美丽乡村建设中的典范。

（四）社会综治型模式

该模式的典型示范村是吉林省松原市扶余县弓棚子镇广发村。广发村位于我国东北地区松辽平原上，辖区面积 13.24 平方公里，耕地 969 公顷，资源丰富，农业发达，主要盛产玉米、大稻、花生、大豆、杂豆等粮食作物。其所在的扶余县是全国重点商品粮基地之一，素以"松嫩乐土、粮食故里"而著称。2010 年全村经济总收入实现 2500 万元，人均纯收入 10000 元，村民人数达 2500 人，村落规模较大，经济基础较好。在顺应全国统筹城乡发展，推进农村城镇化进程中，广发村结合东北地区的自然气候条件，把改善农民群众传统居住条件作为一项重大而又实际的举措，用城市化、现代化理念推进新式农居建设，让广大农民群众从传统落后的生活方式中解脱出来，享受现代新生活。在推进新式农居的同时，广发村的管理工作逐渐由村落管理向社区管理转变，通过加大对农村基础设施和科教、文体、医疗、卫生等社会事业的投入，提高农村社区服务功能。经过多年的努力，广发村探索出一条以人为本、改革创新的途径，成为松辽平原上土地节约利用、居住条件完善、生产生活便利、生态环境优美的社会综合型农居社区。

（五）文化传承型模式

该模式的典型示范村是河南省洛阳市孟津县平乐镇平乐村。平乐村位于我国中部华北平原地区，地处汉魏故城遗址，距洛阳市 10 公里，交通便利，地理位置优越，文化底蕴深厚。改革开放以来，平乐村依托"洛阳牡丹甲天下"这一文化背景，以农民牡丹画产业为龙头，已形成书画展览、装裱、牡丹画培训、牡丹观赏等一条龙服务体系，不仅增加了农民收入，也壮大了村级集体经济。以丰富的农村文化资源，优秀的民俗文化及非物质文化为基础，平乐村探索出一条新时期以文化传承为主导的建设美丽乡村的发展模式。

（六）渔业开发型模式

该模式的典型示范村是广东省广州市南沙区横沥镇冯马三村。冯马三村位于珠江三角洲腹地，西邻中山市，南接万顷沙镇，临近珠江口，地理位置优越，水陆交通方便，土地资源丰富，历史较为悠久，文化底蕴深厚。作为沿海和水网地区的传统渔区，冯马三村积极发展了985亩高附加值现代水产养殖，树立了渔业在农业产业中的主导地位，开发渔业旅游资源，通过发展渔业促进就业，增加渔民收入，繁荣渔村经济。冯马三村依靠丰富的水资源，显著的区位优势，良好的生态环境，淳朴的民风，打造了独特的"岭南水乡"，使其成为全国建设美丽乡村"渔业开发型模式"的典型参考范本。

（七）草原牧场型模式

该模式的典型示范村是内蒙古锡林郭勒盟西乌珠穆沁旗浩勒图高勒镇脑干哈达嘎查。脑干哈达嘎查位于我国东北部传统草原牧区及半牧区，草原畜牧业是该牧区经济发展的基础产业，是牧民收入的主要来源。早期的脑干哈达嘎查人口多、草场面积小，受发展条件制约，一度畜牧业生产相对落后，牧民生活水平偏低。2009年以来，脑干哈达嘎查开始积极探索发展现代草原畜牧业，保护草原生态环境。通过坚持推行草原禁牧、休牧、轮牧制度，促进草原畜牧业由天然放牧向舍饲、半舍饲转变，建设育肥牛棚和储草棚，发展特色家畜产品加工业，进一步完善了新牧区嘎查基础设施，提高了牧区生产能力和综合效益。这种集保护牧区草原生态平衡、增加牧民收入、繁荣牧区经济为一体，形成了独具草原特色和民族风情的发展模式，使其成为全国建设美丽乡村"草原牧场型模式"的典型参考范本。

（八）环境整治型模式

该模式的典型示范村是广西壮族自治区恭城瑶族自治县莲花镇红岩村。红岩村位于广西东北部，桂林市东南部，是典型的山区地貌，其中山地和丘陵占70%以上，早期非常贫困。改革开放以来，红岩村坚持走"养殖—沼气—种植"三位一体的生态农业发展路子，积极实施"富裕生态家园"建设；同时开展沿路、沿河、沿线、沿景区连片环境整治，加强农业面源污染治理，开展畜禽及水产养殖污染治理。红岩村以科技农业生产为龙头，逐步拓展了集农业观光、生态旅游、休闲度假为一体的发展模式，使其成为全国建设美丽乡村"环境整治型模式"的典型参考范本。

（九）休闲旅游型模式

该模式的典型示范村是贵州省黔西南州兴义市万峰林街道纳灰村。纳灰村位于我国西南地区万峰林景区腹地（世界自然文化遗产保护区），是一个民族风情浓厚、田园风光优美、历史文化底蕴深厚的古老布依族村寨。纳灰村土地肥沃，水资源丰富，是贵州地区主要的产粮区。改革开放以来，依靠丰富的旅游资源，纳灰村在传统种植业、养殖业的基础上，大力发展旅游业，已经形成了集特色农业、特色花卉培育、乡村旅游、休闲娱乐为一体的乡村旅游地区。这种以农业为基础，以休闲为主题，以服务为手段，以游客为主要消费群体，实现了农业与和旅游业的有机结合，不仅提升了公众对农村与农业的体验，也实现了农业与旅游业的协调可持续发展。

（十）高效农业型模式

该模式的典型示范村是福建省漳州市平和县三坪村。三坪村位于我国东南部闽南地区，典型的山地和丘陵地貌。该村山地面积 60360 亩，其中毛竹 18000 亩、蜜柚 12500 亩、耕地 2190 亩，属于闽南地区重要的产粮区。改革开放以来，三坪村紧紧结合自身的地理地貌环境，充分发挥林地资源优势，以发展琯溪蜜柚、漳州芦柑、毛竹等经济作物为支柱产业，采用"林药模式"打造金线莲、铁皮石斛、蕨菜种植基地，以玫瑰园建设带动花卉产业发展，壮大兰花种植基地，做大做强现代高效农业。同时整合资源，建立千亩柚园、万亩竹海、玫瑰花海等特色观光旅游，和当地国家 4A 级旅游区三平风景区有效对接，提高旅游吸纳能力。作为优势农产品区，三坪村注重提升农业综合生产能力，逐步从传统农业向生态农业、乡村观光旅游、休闲娱乐发展，实现了高效农业的可持续发展。

二、"美丽乡村"建设模式的总结

总的来说，"美丽乡村"建设模式基本上涵盖了我国当前"美丽乡村"建设中"环境美""生活美""产业美""人文美"的基本内涵，具有很强的借鉴意义，能够为中国部分地区"美丽乡村"的建设提供很好的范本。

从地域上来讲，这十个"美丽乡村"示范村分别分布在全国十个省份的乡村地区。东部沿海以江苏永联村、浙江高家堂村、广东冯马三村、福建三坪村为代表，中部以河南平乐村为代表，东北部以吉林广发村和内蒙古脑干哈达嘎查为代表，西北部有宁夏王家庄村，西南部有广西红岩村、贵州纳灰村等为代表。从鱼米之乡到广袤草原，从粮食作物主产品到农产品经济作物特色产区，从传统文化传承地区到以新生代生态旅游为主地区，从经济发达地区到经济相对薄弱省份，覆盖范围之广，涉及产业发展类型之多，使其具有典型的代表意义。

从区位来讲，这十个"美丽乡村"示范村多数都具有明显的区位优势。如高家堂村距离县城安吉 20 公里，距离省会杭州 50 公里；平乐村距离洛阳市只有 10 公里；王家庄村距离省会银川 50 多公里；冯马三村临近珠江入海口；纳灰村位于世界自然文化遗产保护区万峰林景区腹地；三坪村也地处国家 4A 级旅游区三坪风景区内等等。从位于大中城市的郊区地带，到人数较多、规模较大、居住较集中的村镇（永联村、广发村），再到环境优美、风景秀丽的传统旅游地区，这十个示范村都不同程度地展现了区位优势对于美丽乡村建设的重要性。

从主导产业来讲，这十个"美丽乡村"示范村充分利用自身地域、区位、自然资源禀赋等特点，分别走出了不同的产业发展道路。永联村人多地少经济贫穷，但乘着改革开放的春风，走出了钢铁等生产的工业化道路。但更多的示范村还是在传统农业基础上对农村产业发展进行了探索创新。如三坪村的高效农业与乡村观光旅游业的结合，高家堂村的生态保护性种植业与休闲产业的结合，王家庄村的农业集约型产业与沿黄河旅游业的结合，冯马三村的渔业与旅游资源的结合，脑干哈达嘎查的畜牧业与草原生态环境保护的结合，红岩村的资源循环利用生态农业与生态旅游的结合，纳灰村的以少数民族为特色的休闲旅游业，平乐村的牡丹画文化产业，等等。不同的自然资源禀赋条件，决定了各个乡村不同的发展道路；不同的生产生活背景，决定了不同的特色产业。

从区位功能来讲，这十个"美丽乡村"示范村也分别承担着不同的角色。永联村是城市工业生产及现代化农业的重要补充；王家村、冯马三村、脑干哈达嘎查则是当地大中城市的粮袋子、菜篮子，是鲜活食品、牛羊肉、奶制品的重要基地；广发村成为推进农村城镇化过程中，建设新农村服务型社区的代表；平乐村则是洛阳地区深厚牡丹花卉文化底蕴的证明与补充；三坪村是当地重要的粮袋子、经济作物产区；高家堂村、红岩村、纳灰村则是城镇居民的后花园、休闲娱乐区。不同的区位功能，不同的角色，为其他地区"美丽乡村"建设过程中的功能定位起到了重要的参考作用。

从村民的积极性来讲，这十个"美丽乡村"示范村的村民都是在尝到了保护生态环境、发展特色产业、特色文化等带给他们的好处后，而进一步积极参与的。如早期的耕地资源缺乏、无法解决村民温饱的永联村，牧民生活水平偏低的脑干哈达嘎查，贫困山区的红岩村和有山有水、风景优美但村民生活穷苦的纳灰村等。这些乡村美丽建设的成功，在很大程度上来自村民对追求美好生产生活的强烈愿望，这种愿望倒逼当地政府要有所作为，而地方政府对代表乡村的财政支持，积极帮助村民探索能够适应当地的农业科技创新，以一种全局观进行统筹的做法，则带给了村民成功的喜悦，进而使美丽乡村建设进入良性循环的轨道。但是，我们要看到，地方政府财政毕竟能力有限，不可能对其他多数经济落后乡村进行大规模的财政支持，而能够适应当地的农业科技创新却可以像种子一样，在乡村生根发芽，为农民带来真正的收益。所以，未来的美丽乡村建设将是农业科技创新带动下的，以村民作为参与主体的，地方政府辅助发展的可持续性模式。

纵观十种"美丽乡村"建设模式，我们不难发现这十个示范村有以下共同的特点：

第一，它们几乎都集中在区位优势明显、自然资源丰富、经济比较发达的地区。这些村庄所在的县域人均收入水平在整个省域中排名都比较靠前，比较有代表性的如西北地区宁夏的王家庄、西南地区广西的红岩村、贵州的纳灰村、江苏的永联村等。其中王家庄所在的平罗县2013年农民人均纯收入9172元，在宁夏县域经济中属于经济富裕地区；红岩村所在的恭城瑶族自治县 2012 年农村居民人均纯收入 6473 元，在广西也属于经济发达地区。而永联村的经济实力则不仅仅在其县域和省域范围内，就全国来说，它都是屈指可数的富裕代表，2012 年实现人均收入 28766 元，经济发展指数在全国 64 万个行政村中位列前 3 名。

第二，它们几乎不约而同地把本地特色经济与旅游服务业紧密联系起来，形成了一条完整的产业链。如平乐村紧紧围绕牡丹做足了文章：画牡丹、赏牡丹、育牡丹、书画展销会、装裱、画师培训等各种类型，既增加了农民收入，也美化了农村生态环境；既丰富了农村文化资源，更扩大了农村文化产业和旅游服务产业。冯马三村凭借"岭南水乡"的名片，打造了传统渔业、现代水产养殖、渔业旅游资源、水乡文化摄影基地等，形成了以河道为主轴线的水乡文化特色建设。红岩村、纳灰村和脑干哈达嘎查依靠瑶族、布依族和蒙古族等少数民族独有的民族风情，优美的田园风光，深厚的历史文化底蕴，发展独具民族特色的观光、休闲旅游业。

第三，它们几乎都把当地生态环境保护与资源可持续利用紧密结合起来。高家堂村形成了以生态农产品种植、农产品深加工、生态休闲旅游、环境教育和污水处理示范为主题的农民生态公园的生态经济发展道路。红岩村的"养殖—沼气—种植"三位一体的生态循环农业发展道路，三坪村的"林药模式"（林下种植药材）的经济作物生态种植模式，脑干哈达嘎查的由天然放牧向舍饲、半舍饲转变的保护草原生态环境可持续发展的模式等等，这些都是"美丽乡村"建设中不仅环境美、生态美，更是实现当地经济可持续发展的真实表现。

在美丽乡村建设过程中，地理地貌、区位条件、自然资源、文化底蕴、农民的积极主动性以及机遇等因素发挥着重要的作用。该十大模式的成功主要得益于当地较高的经济发展水平、显著的区位优势、丰富的自然资源、城镇化快速发展所带来的市场机遇，当然更重要的还是以当地政府为主导的推动引导作用和财政支持力度。这些要具备多项非一般情况下的成功模式在不同条件地区是很难完全复制的。美丽乡村建设中的"美丽"是广义上的美丽，视觉上直观的山清水秀、环境优美只是美丽乡村建设中的一部分，增加农民收入、提高农民生活质量、延续传统乡村文化中的精髓、保护当地生态环境才是美丽乡村建设的核心内容。我国地域辽阔，各地自然条件不相同，经济发展差别较大，传统意义上的东部发达西部落后的观念已经不能用来代表局部地区，就如同东部沿海发达省份依然存在经济发展水平较低、区位优势不显著地区以及自然资源一般或贫瘠的广大农村地区，而在整体经济落后的中西部地区也存在着一定数量的经济条件好、区位显著、资源丰富的农村地区。这也就决定了未来我国在生态文明建设道路上的多样性、复杂性和创新性。

第五章 艺术社会化与乡村环境建设

第一节 艺术社会化趋势

20世纪80年代以来，艺术与社会、经济、科学的不断交叉融合，使艺术走向大众化、通俗化。唐代美术史学家兼批评家张彦远在《历代名画记》中指出美术可以"成教化助人伦"，亦可"鉴戒贤愚，怡悦情怀"。美术在人的生活中是一件大事。它无所不在，无所不有，人的举手投足、衣食住行、生存环境、所见所遇，无一不与美术有着直接或间接的关系。

美术有艺术属性与社会属性之分，美术的社会功能成为美术与社会关系中比较重要的一方面。苏联的列·斯托维奇从艺术价值的多种表现出发，指出艺术具有认识娱乐、劝导、评价等功能，这是在讲美术具有独特的社会功能。"艺术的历史关心的不应该是某一阶级的产品，一切人造结构和人工物品，从家具和陶瓷到建筑和绘画，从摄影和图书插图到纺织品和茶壶，都是艺术史家的研究范畴。"可以毫不夸张地认为，只要与人类发生关系的一切，都与美术有关，这也就是我们称为的"社会大美术"。在装饰的使用和形式背后，是巨大的社会服务和社会价值的体现，装饰是"为人生而艺术"的典型，也包括公共艺术，实际上是以独特的艺术介入社会的方式来为社会服务，这与纯艺术的偏向于"为艺术而艺术"有很大的区别。美术除了具有教育作用、认识作用和审美作用以外，还具有实用的价值，那就是人类还要创造出更多更好更美的各种物质产品，以满足人类不断增长的物质生活和精神生活的需要。雕塑、工业设计、商业美术、环境艺术等美术领域的新发展有力地说明了这一点。这些与社会紧密相连的美术，结合了科学与技术，形成了当下缤纷的视觉艺术，创造美的任务虽然不完全依靠美术，但是，美术却是创造美最重要的手段。美术的社会作用，归根结底地说，是为社会建设服务的。

在美术社会化的浪潮中，强调"人人都是艺术家""生活就是艺术"。艺术家的话语方式发生了变化，现代主义艺术中个人主义、精英主义话语方式被生活化的、通俗化的、平民化的话语方式所替代。艺术既然要转向社会，那么当代社会是什么，也是需要我们考虑的。社会世界有它的客观性、对象性，但对于具体的个人而言，"社会"其实是被建构的，"人生"是被经验的，"现实"是被感知的。艺术更多地深入到人们的日常生活之中，更多关注大众的日常生活问题。在美术大众化的浪潮中，"艺术与生活的关系发生了变化，艺术的生活化和生活的艺术化，打破了传统的二元论对立的情形。例如，安迪·沃霍尔宣称万物皆为艺术品，波伊斯则认为人人都是艺术家，虽然他们这些比较低端的说法是为了解构现代主义的所谓纯艺术的思想，但是的确在很大程度上，降低了艺术的飞行高度"。由此看来，美术是全社会的事业，它不仅仅属于美术家，而且属于每个人。而当今美术包括了雕塑、绘画、设计、建筑和环境规划等专业，从人的整容化妆开始，到首饰衣装、居室房舍、街道城市、自然环境等，所有美化任务都被承担了，美术成为当代最发达的行业。美术的美化功能以装饰和造型为媒介，至今已有了设计做归宿。

第二节　艺术介入农村空间

"在历史上，不但世代书香的老地主们，于茶余酒后要玩弄琴棋书画，一里之王的土老财要挂起满屋子玻璃瓶向被压倒的人们摇摆阔气，就是被压倒的人们，物质食粮虽然还填不满胃口，而有机会也要找个空子跑到庙院里去看一看夜戏，这足以说明农村人们艺术要求之普遍是自古而然的。广大的群众翻身以后，大家都有了土地，这土地不但能长庄稼，还能长艺术。因为大家有了土地后，物质食粮方面再不用向人求借，而精神食粮的要求也就提高了一步。因而他们的艺术活动也就增加了起来。"这说明物质得到一定满足后农村的精神需求也会变得迫切起来。随着当下农村社会经济的发展，农村生活水平的提高，农村居民社会主体意识逐渐觉醒，农村居民对自身所处居住区的生活环境提出了新的、更高的需求，人们期盼美术介入农村。如果说美术馆、博物馆、画廊、花店、刊物、艺术交流等等是美术社会化的重要途径，那么在农村要真正实现美术的社会化，就必须使艺术真正介入人们的生活，而环境艺术是影响农村面貌的重要因素。

广大的农村，由于世代人的栖居、耕作，留存了丰富的文化景观，人们生活在一个他熟悉的地方，在这里有着文化和自然互动，人类与自然的互动，全村人的精神寄托和认同，对于传统人们有着一定的依赖感和归属感。这种人类对环境的认同是对传统的延续的结果，在农村环境艺术发展中理应得到继承与发展。通过文化、历史和生态等地理文脉的联系使农村环境艺术更趋向于地域特色，反映地方风貌。

人类社会的发展是一个不断扩大交流的过程。但是脱离本土的文化将失去生存的根基。在我国的新农村建设中，要从农民、农村、农业的角度去审视，立足传统，充分尊重东西方文化的多样性和差异性，进行东西文化的整合，并勇于设计创新。农村作为一个生态"大美术馆"，农村居住区环境面貌的好坏直接影响着农村居民的身心健康。农村环境建设必须突出农村特色，既要综合考虑工业化和城镇化发展的趋势，又要着眼于自然、历史、民俗等多重因素，充分体现地方特点、文化特色和时代特征，集田园风光、人文景观和现代文明于一体，将传统的社区环境逐步改造为新型的现代社区环境。

第三节 乡村环境艺术

英国诗人、自然景观的倡导者约瑟夫·爱迪生（Joseph Addison，1672—1719）主张尊重自然、与自然融为一体的观点，提出了将农业与园艺相结合的思想，他认为"玉米地也可以产生迷人的景色"。他这种将农民的生活、耕作、种植与愉悦感相结合的思路，使农村环境有了崭新而深刻的美学意义。但是对于那些连温饱问题都解决不了的人来说，艺术化的农村环境可谓一种奢侈，正如在拥有众多精致优美的古代园林的中国，农村的房前屋后却种满了各种蔬菜和粮食（多是一种杂乱的堆砌）。

艺术的实践是与提高人类居住环境质量紧密联系在一起的，著名环境艺术理论家多伯（richard.sober）认为环境艺术是一种"比建筑艺术更巨大，比规划更广泛，比工程更富有感情"的艺术。他对于环境艺术的定义立足于艺术的角度，认为这门复杂的艺术既包括建筑学、景观设计学这一类的艺术美学因素，同时也依赖多学科的综合与配合。麦克哈格通过《设计结合自然》（1969）一书将人们的视线引向了生态概念，他将生态保护技术细节同基本的设计艺术结合起来，给了后人很大的启迪。

审美对象范围的扩大，促成了艺术走进农村生活。艺术化的农村环境实质是一种关系的艺术，其目的是利用一切要素来创造优美的空间环境，并将自然界中的水、树木以及农村的房屋、道巷等诸如此类的东西，以艺术化的方式组织在一起。

艺术通过美化农村环境，能够使农民通过艺术的角度去审视农村环境并提高对公共空间的认识程度，同时能够在一定程度上提高农村整体的生活质量。从侧面启发、鼓励和影响农民，培养其艺术审美方面的感觉，从而有助于营造更具艺术感的农村公共空间，拉近农民与艺术的关系。

农村环境是由建筑物、构筑物、道路、绿化、开放性空间等物质实体构成的空间整体视觉形象。农村环境艺术和城市环境艺术虽是不同地域、不同规模，但在本质上是一致的。改造得好可以创造出优美的景观，改造得不好就会产生"视觉垃圾"。传统观念中农村是由普通民居和一些公共建筑自然生成的，是农民聚居和活动的场所，其建筑形式首先受经济承载力的影响和考虑使用功能的需要，其次才考虑审美的需要。

虽然农民的生活水平不断地提高，但由于审美能力和品位有待提高而出现了花钱营造"不如意"的现象。特别应当说明的是，并不是要让农民花多的钱，去建设奢华的农村，而是利用现有物质基础，通过提高农民的审美能力，政府的支持，艺术家、设计师的参与，让农村变得更美。因为并非美的环境构建就比不美的环境构建的成本高，青砖甚至比瓷砖和花岗岩铺装价格低廉，但在整体环境中更能给人和谐的美感。农村环境艺术对农村生活产生了直接影响，并体现了一个地区整体审美素养。

"环境艺术"是艺术结合了社会与技术的一种形式，它是从整体社会系统出发，而并不仅是建筑、雕塑、壁画、园林艺术等等的机械相加，而且包含了注意农村归属感设计和注意农村生态建设这一层次的意义。它是一个有机的相互依存的系统。农村的环境艺术在整个农村建设中具有十分重要的意义。农村的环境建设只停留在"村容整洁"层次上是不妥的，如果把农村居住区作为一个地景艺术来看，那么村中广场、建筑、雕塑、街道、景观、生态就充当了这个社会大美术馆中的主要因素。新时期的农村环境建设，如何适应农村经济的发展、如何适应农村人追求现代生活的需求成为我们首要思考的问题。

农村环境艺术对象是农村开敞空间，包括广场、公园、步行街、居住区环境、街头绿地以及滨湖滨河地带等，讲究自然与人文的统一，具有非常丰富的环境文化内涵。而近年来，农村居民普遍感到村落中的公共空间越来越少，一些戏台、祠堂、晾谷场、井台等公共空间由于长久无人使用与维护，逐渐荒废或易作他用；与传统不同，现代乡村聚落广场往往与聚落公共建筑和集中绿地结合在一起，并赋予更多功能和设施。如健身场地和设施、运动场地和设施等。农村环境艺术应该与村民的生活方式和活动内容结合起来，很多地区一些新建的公共空间，如满铺大理石、花岗岩的农村广场与乡村环境极不协调，无法真正地融入农村景观和农村居民的生活中。因此，农村出现了公共环境功能衰退、尺度夸张、特色受损的现象。

潮汕农村多聚族而居，而整个村寨，都依其宗族观念、风水观念、生产生活、防御功能以及某些美学观念来营建，因此潮汕民居的大格局便是独特的理想风水人居环境。

环境艺术的协调不仅仅是视觉上的协调，同时还表现为公众在文化精神上的协调一致。在西方文化和现代文明强烈冲击的今天，受城市型的聚落结构及住宅形式的影响，导致农村的环境艺术变成对城市环境艺术简单地、盲目地拷贝。许多农村的村民盲目地模仿城市的环境艺术，拆掉极具历史文化价值的老建筑，使传统村落的建筑形式受到很大影响。简易的方盒式砖混房，造成简易的、雷同的、毫无地域特色的、千村一面的农村环境景象。用生搬硬套的方式来营造农村居住区环境艺术，必然造成传统的视觉意蕴的丧失，自然和谐的设计理念也被完全丢弃了。对农村居民的社会行为心理等多层次的需求与空间环境的关系认识不足，根本无法营造出一个具有村民归属感和认同感的艺术造型形态。例如，梁思成在分析民国建筑界盲目模仿西方，修建西式的喷水池和纪念碑时就深刻指出："艺术的进境是基于丰富的遗产上的，欧美街心伟大石造的纪念性雕刻物是由希腊而罗马而文艺复兴延续下来的血统，魄力极为雄厚，造诣极高，不是我们一朝一夕所能望其项背的。我们的建筑师在这方面所需要的是参考我们自己艺术藏库中的遗宝。"

第四节　乡村环境建设的要点

农村空间与农民的审美是本节研究的重点，通过艺术美化房舍、农村公共设施，创建出崭新的农村公共环境，以提升农民的生活质量和精神风貌。

一、人的因素——农民的审美

当前大部分农民在艺术与审美感知方面较弱，因此积极提高农民的艺术修养、改善审美文化心理结构、拓展农民的艺术视野、增强农民对新生活的想象力是非常重要的，并以此来促进农民审美意识的增强。引导农民的审美，使之形成艺术化生活的能力；通过美化乡村空间，使艺术化的生活由只是被动地欣赏转变为亲自参与和实践，享受农村生活的趣味。

二、形态结构因素——空间环境

乡村中的景物都应该是具有艺术感的元素，作为艺术的符号融入农村空间中。自然、土木、建筑、日常设施、艺术品等构成了基本的农村居住空间，应利用艺术的理念将这些有机地综合在一起，建设"充满艺术气息的乡村"。

农民们所从事的农村、农地、农家等的环境规划设计，最重要的特点是更加留意于"怀念、亲和、原始风景、故乡"等精神性方面的培育。在当今大量生产、大量消费的工业文明之下，充分运用"农"的原理还是有相当大的难度的。但是，在正视现代城市之中所产生的各种病例现象的同时，有必要对于"农"的本质加以再度认识，合理借取"农"的智慧。

园艺学家斯提芬·史怀泽提出了"乡村的、广义的园艺学，让'自然之美'在艺术的作用下免遭破坏。这并不是意味着要将蜿蜒曲折的道路拉直，而是使相邻的农庄朝向视野开阔的方向，不应使视线受树木、高墙的阻挡"。此外，他还不认为靠近建筑的区域"允许适当的秩序约束"，其余的地位应当是"广阔的乡村花园"，它的设计应当是"纯粹自然"的。史怀泽建议放弃庄园的围墙，将邻近的农庄用花园连成整体，形成利益与愉悦感的结合。"乡村花园"的思想使得人造的规则形式能够转化为自由发展的自然形式，从而在更大的尺度上产生宜人的生活环境。当然斯提芬·史怀泽提出的环境艺术的观点对于中国农村的实际情况还是过于理想化，但其大胆的艺术思考，对我国农村环境艺术的发展是有所启迪的。

环境设计与其他视觉艺术的不同之处在于它的空间尺度要比后者大得多。它可以在一整座山、水域和森林的范围内进行，而同时它又与人的生活相关，因而我们应当注意人类要求的合理性以及设计活动是否会对自然造成破坏。在农村环境建设中，不管我们坚持着如何崇高的美学思想，也必须服从农村的人文环境和生态环境的要求。在尊重传统与环境的同时，农村居民对现代化生活的向往也是显然的，这就需要有与现代生活相适应的环境艺术特征，现代和后现代主义特征的艺术与设计可以进入农村，也可起到引导改变农民审美的作用，在保持农村地域特色的同时，我们应该积极创造新的形式，赋予环境新的意义，创造能表达时代精神的农村环境艺术。

第六章　乡村环境艺术与审美趣味

第一节　乡村审美情趣

在我国古代的生产和生活中，环境意识一直都融入其中，比如环境的利用、环境的协调以及环境的美化等等，因此环境的作用一直以来都非常受重视。中国有五千年的文明，在这块文化璀璨的土地上，自然景观和人文景观都遍布各地，在长久的审美中，就形成了中国独特的审美观和审美角度。一直以来，中国传统的核心思想就是"效法自然""天人合一"等，也就是在审美观不断地深入下，将自然和和谐紧密结合起来。这种具有中国特色的审美观在农村应用得非常广泛，比如民宅、村镇、聚落的营建等，这就形成了中国古代农村鲜明的特点。要使人类和自然融入得更加密切，就要将人类的活动与自然结合起来，在自然中不断发展；在大自然中寻求生活的方式，而且对待自然时也要采取爱护的态度，体现人类的人情味，不断对农村的空间进行美化。

在人类开始的早期，一般都是"逐水草而居"，因此一般的村落都会靠近有山有水的地方，这样不但可以保证用水的方便性，也使得出行比较方便，在发生意外时也可以采取相应的措施，这对人们的生产和生活都是大有益处的。在农耕时代，人类的生活都是"日出而作，日落而息"，在自给自足的基础上，过着安静祥和、与自然融为一体的生活。

古代文人在体现自己的情怀的时候，往往会将山水画作为载体。古代画家利用闲暇时间在山林中寻找灵感，在自然景观的基础上，发挥自己的想象，描绘出一幅幅世外桃源的完美景象，编制出一曲曲流传至今、与众不同的诗歌和田园牧歌。宋代的山水画在历史上是最为出名的，古代人用他们的聪明才智，对乡村的景色进行了深入的描绘。在这些画卷中，乡村与山川实现了完美的融合，人物在山川之间进行着各种活动，或者是在其中穿行，或者是在茅屋与青松底下品茶，或者是在弹琴，或者是在开展各种游戏，乡村已经被体现得淋漓尽致。就拿《千里江山图》来说，其画面波澜壮阔，在宋代青绿山水画中具有非常重要的地位，而且画家首先对相关的建筑形态进行了深入的描绘，并且描绘得栩栩如生。与此同时，村落的基本意境也渐渐融入其中，因此不但描绘出农村建筑文化的特色，也将文人的活动进行了深刻的描绘，真正做到了"咫尺千里、江山寥廓"。而在南宋期间描绘完成的《竹阁宴宾图》，也将"宅则皆须西北高、东北下，流水辰巳间出"的特色真切地表现了出来。其基本内容是众亲友在田园聚会的场景，在农村自然景色的衬托下，友情就被完美地体现出来了。

北宋的名画《清明上河图》，对都城汴京在清明时的景象进行了细致的描绘，整幅画结构非常严密，景象非常庞大，不只描绘了城区的繁华景象，而且对郊区的景色也进行了大篇幅的描绘，从画中可以看到很多农村的民房以及民房周围的菜园。画中的民房一般都是茅房，也有很多瓦房，在这些民房周围有很多的打谷场，一片安静祥和的景象，整幅图将北宋时代的农村景色和城市景色进行了深入的体现，将农村的安静与城区的嘈杂进行了鲜明的对比，使得农村的自然环境显得更加安静和完美。

园林在古代人眼里是非常重要的，不但可以进行居住，还可以在其中进行相关的娱乐，因此体现了古代人对心灵的释放，对精神世界的追求。古人与园林是密不可分的，修建环境良好的园林，实质上就是将自然环境与人文环境融合在一起，在一定设计理念的基础上，古人的生产生活就与园林的自然景色结合起来，这与我们目前在推行的新农村建设是相似的。

计成在对农村住宅进行研究的基础上，提出了自己的观点，其认为在修建农村住宅时，必须要基于"篱落代墙、曲折成径、外接田亩、内有十分之三的土地掘成池塘，其余十分之七的空间用四成磊土成山，桃李满园"的方式来进行，这种思想也就是将自然景色移植到建筑中。

他编著了《园冶》一书，其中对农村院落的设计提出了自己的观点，也就是"古之乐田园者，居于畎亩之中；今耽丘壑者，选村庄之胜，团团篱落，处处桑麻；凿水为濠，挑堤种柳；门楼知稼，廊庑连芸"。其中的观点就是对于古代人来说，如果要想体验田园风光，就可以选择在农村生活；但是对于现在的人来说，就可以自己修建农村化的住宅，依山傍水，住宅的门采用木柴或者是篱笆，在门口种植桑树苎麻。而且在房屋周围修建壕沟，并将水引进来，在沟边种植大量的柳树。在房屋的楼上就可以对周围的环境一览无余，而到堂屋后，就可以直接到书斋，并在此吟诗作画。这个景象将建筑物、生产生活与自然景色完美地融合在一起，实现了居住在乡野中的愿望。

第二节　农民的审美需要

审美需要就是人们在进行审美的过程中，基于自己的情感体现出的实际需要，可以对审美的对象进行全方位的审视，比如对象的具体形式、对象的基本构成、对象的运行规律以及需要从审美中得到的具体情况，这可以推动个人的审美，在心理上得到满足。

　　农民在很多方面都有局限性，比如生活环境比较闭塞，信息的传播明显滞后，文化水平也比较有限，因此就审美方面来说也不会很高；而且审美对象的不同，审美内容的差别，地区的差异，民族的差异，性别的差异，造成农民在审美时体现出来的情形也完全不同，对审美的要求也会差别很大。

　　人类天生都具有追求美好事物的愿望，因为在这个过程中，人类可以得到很多的满足感和愉悦感，在农民的日常生活中，审美越来越深入其生产和生活中。但是农民的精神生活水平相对于物质生活来说，往往不会被太重视，审美的需求一般也不会太明显，因此如果要让农民的审美意识上一个台阶，那么就要对农民的生产生活有比较深入的了解，找出能让其感兴趣的地方，这样才能产生积极的效果。

　　要使农民的精神生活得到质的飞跃，就必须开展各种精神活动，比如审美学习、艺术的交流、思想的碰撞等等，而且要将求美作为政协活动开展的前提。积极引导农民对生活的审美能力，使农民可以在生产和生活中对审美有更深的理解，这样可以使农民在农闲时候过得更加充实，生活质量可以上一个台阶，也能使农民对生活的理解比较透彻，实现自己的幸福感和满足感，在此基础上，农民的精神世界就可以上一个档次。通过大量的了解，可以看到，农民比较喜欢的艺术活动非常多，比如鲤鱼跳龙门、刘海金蟾、麒麟送子、凤凰、喜鹊登梅、鲤鱼串荷花、蝶恋花等。从这些活动可以看出，农民对现代艺术并没有相关的认识，但是对于那些传统的民间艺术非常感兴趣。

　　在洪蓝镇张塘角村，一墙一文化，一墙一风景，已普及乡村的各个角落。朴实的农耕生活、孝亲敬老的感人故事、优美的田野风光……一幅幅健康向上的墙画，让这座美丽的村庄焕发新的活力。农民因地制宜，将朴实的农耕生活、孝亲敬老的感人故事、优美的田野风光，用逼真的立体艺术将这些场景呈现在村民的围墙上，美观精巧、亲切自然、入目入心。

　　对于审美标准来说，不同层次的农民之间的区别都非常大，比如年龄、社会地位等等：青年农民比较容易接受新事物，因此与现代社会紧密联系；中年农民在进行相关的活动时，一般都是基于自己的兴趣的，但是在某些时候也会受到身边事物的影响；只有很少一部分农民的知识层次比较高，在观念上比较自我，在自己观点的基础上，可以根据自己的标准来对周围的事物进行评判。

　　农民在进行审美时，标准都不是自己来制定的，一般来说都是在自己兴趣的引导下或者是在周围事物的影响下形成的，所以迫在眉睫的事就是要将农民自己的审美标准确立起来，并且要使农民对审美有一个比较准确的定位。这就需要采取一些相关的措施，比如对美术知识进行讲解、在一定的氛围中处理一些艺术作品、对周边的建筑物进行自主的设计和研究、在自己的生产和生活中将美术的思想融入进去等等，以使农民的美术素养可以在短时间内得到较大的提升，对艺术的理解也会比较深刻，在对周围的事物进行欣赏时也会有自己独到的观点。

那么农民对具有现代感的艺术形式的认知程度如何呢？笔者在调查中发现，对于目前正在进行的农村公共环境的优化、对景观艺术的审计来说，大部分的农民还是非常支持的，并在其中发挥了很大的作用。从这可以看出，对于较为新式的艺术形式来说，农民并不会表示反对，对于其中的诸多内容还是非常支持的，所以基于农民的喜好，就可以将新式的艺术表现形式与新农村建设结合起来，以此让农民对新式艺术形式比较了解，提升其审美意识和水平，这都是较易实现的。在美的表现上，只靠那些艺术家来实现是不现实的，必须将农民的能动性调动起来，共同来完成。

第三节　新艺术介入乡村的可行性

介于现代艺术形式在传播上的滞后性，农民只是拘泥于一般的生产和生活，对其了解比较少，当这些艺术到来时，并不会从心里表示赞同，在某些时候会产生抵触情绪。而且不同的人群由于生活阅历的区别，在生活经验上也有很大的不同，但是在日常的生产和生活中都会体会到一些，使得心灵从根本上进行接收，并产生正向的作用，激励向正方向运行，努力去改变周围的环境，这就是信息强大的作用，它可以使人类在与生态进行交流的过程中进行接触，并进行相关的传递。而在这些信息中，审美和艺术信息的作用是最为巨大的，其具有非凡的魅力，可以感染周围的事物，艺术家创造出这些信息后，欣赏者和评论者就会对这些信息进行相关的评论，从而使其在这些人群之间形成一个开放的艺术生态系统。

农民在日常的生产和生活中会由于周边发生的事情而产生一定的效应，而且这种效应在不同的时间点上都不尽相同，会随着很多因素的变化而有非常大的影响。在进行农村建设时，设计人员采取的艺术形式都是比较先进的，这势必会与农民的审美产生一定的抵触，尽管创作上没有什么问题，但是农民不会对其产生相关的反应。

为了更深层次地了解农民对新艺术的接收和理解能力，笔者采取的文艺作品是毕加索的《亚维农的少女》，这幅作品是立体主义的代表作，选取的人群是荣成市正寺村农民，以从中了解农民对新艺术的欣赏能力。

就当前的公共艺术和环境艺术来说，艺术化的东西已经完全融入自然和社会中，人们可以在这些艺术方面逐渐形成自己的审美观，这就使得艺术在与社会进行结合时更加容易。一般来说，设计对环境的改变都非常大，有些设计的改动却非常小，改变的方面主要是基于周边的事物，比如光线的调节、艺术方向上的改动、视觉效果上的体现等等，尽管这些改变比较小，但是作用非常大，周边的人群可以从这些设计中获取愉悦感。这些艺术在实现上都是非常成熟的，但是要将这种形式与农村的环境集合起来，并得到农民的认可，需要走一条比较长的路，需要艺术家和设计师进行相应的处理。

第四节　农民对新艺术的认知

人类不管从事的活动是怎样的，都需要用审美的观点去实现，而且要不断创造出美。日本作家宫泽贤治在其诗文《农民艺术概论纲要》中对农民与艺术的联系进行了阐述，也就是"过去我们的师傅们，虽然贫乏却快乐地生活着，那是因为既有艺术又有宗教"。

对于有些国家来说，宗教的影响力并不是那么明显，因此，最终在近代科学的冲击下，就显得比较冷漠，因此，对于东胶农村居民的生活水平来说，基于艺术的形式来提升是最合乎实际的。人们在进行相关的生产和生活时，需要以美的观点来对社会和自然进行相应的改造，那么就必须在美的前提下，对自身的审美能力不断进行提升，在审美的方式上不断进行拓展。

刘向在《说苑·反质》中说："食必常饱，然后求美；衣必常暖，然后求丽；居必常安，然后求乐。"这句话也就是说如果人类基本的一些需求得到了满足，那么就会将其他的需求引入进来，并且不断向上发展，这个观点从一般意义来说，与马斯洛的需要层次论是吻合的；不过马斯洛在这个基础上进行了深入的分析，也就是人类在满足基本的需求的前提下，比如生理需求和安全需求等，也要满足更高的一些要求，比如爱和被爱的需求、归属感的需求等，并且实现自我的价值，而且发展到比较高的层次就是对真善美的持续的需求。而要使农民的审美意识被提升起来，最直接的做法就是引入更多的艺术形式，并不断丰富艺术资源，在建设新农村的前提下，不断满足农民的审美需求。

美学大师朱光潜在自己的很多著作中都将情趣放在很重要的位置，还深入研究了"人生、情趣、艺术"三者的关系，在人生和艺术中，必须有一个纽带进行联系，一般来说就是情趣。基于情趣来对人进行分类，人可以有两种类型：其一就是情趣比较多的，这种人对周围的很多事物都比较感兴趣，而且在不断地发展和追寻，并且在农民情趣的培养上，也要引入很多美好的事物，对农民进行培训，增强他们的对美的理解。其二情趣比较少的，这种人对周围的事物都不是很感兴趣，也不会刻意去寻找。因此，简单地说，前者就是艺术家，或者就是俗人。情趣比较多人，生活就会比较充实，在精神上获取的愉悦就多，人生就真正实现了艺术化，最终就演变为情趣化。

新时代的农民心中也有自己的行为艺术，比如，浏阳古港梅田村14户村民用彩色水稻在48亩稻田里种植出吉祥福娃巨型图案，展现了农村新的农耕艺术，八月正是水稻成熟的季节，每天吸引了大量游人前往观赏。

中华民族不缺文化，缺的是整个设计文化形式的时代。乡愁是无奈、孤独，同时是希望，是等候，未来的中国，乡村文化会影响城市，城市科技只能助推乡村，我们的文化在乡村。新农村新思路，在广西宾阳县古辣镇大陆村，绿油油的稻田正在抽穗。从山顶俯视，巨大的"飞天美女"和"中国日子呱呱叫"稻田艺术画展现在游者眼前。

中国文化的架构一般是从"家"和"村"这两个要素开始的，它们架构了中国文化整个大的脉络。整个家很细，从自己的门槛到水井、四合院、八仙桌等等形成了一个特别完整的文明系统，那就是道德系统。尽管农民的文化程度不高，但是他们有自己的审美能力，对美丑也有自己的辨识标准，但是对于有些教育程度比较高的人来说，审美能力也许会比较低。举个例子，荣成市西霞口村的一个农民，他对艺术有比较强烈的学习欲望，其家藏的画作非常多，达到上百幅，而且风格各异，可以说就是一个画廊。他组织了很多次当地的画展，而且在画展的欣赏上有自己独到的眼光，不过他的文化层次也不高。这就表明，农民可以通过自己的努力对艺术有比较深的了解，在艺术的欣赏上也可以有自己的观点。

农民是农村的主人，在进行相关活动时，都必须在"民有、民治、民享"的基础上进行。农民对当地的自然景色、社会状况以及文化都比较了解，从根本上来说，他们是"与生物、自然共生""与资源能源等环境共生""城市与农民、居民与农民、现代与传统等的地域共生"的群体。在进行农村设计时，农民是主导者，他们对农村面貌的改变起着至关重要的作用，应该体现出百姓的设计。如果要使农村的文化氛围建立起来，首先要做的就是将农民的审美观培养起来，而且应该克服重重困难，持之以恒地将其执行下去。

第七章 中国传统文化与乡村环境艺术设计

第一节 中国传统文化对乡村环境艺术设计的影响

传统文化在中国的传播广泛，但是环境艺术设计相对于传统文化的历史而言，可以说是出生的婴儿，是在近现代刚刚出生的新型的设计学术。随着国外的友人对中国传统文化的认识加深，对于现代的环境艺术设计呼声最高的就是将中国传统文化与之结合展现中国的特色魅力。

中国传统文化审美倾向——"天人合一"是中国思想史上一个基本的信念。随着科技的进步，各种新材料、新产品、新工艺、新技术等运用到环境艺术设计中。随着人们生活水平的提高，不同声音在呼吁"绿色"环境，人们逐渐地意识到人与自然、社会与自然，应当融合，开始大胆追求"天人合一"的审美理想境界。在现代环境艺术设计中，对光、色、质、物、形的自然化处理，是融合"天人合一"审美的最好表达方式，也是满足现代人对"绿色"环境追求的最好呈现方式。

一、创新设计理念

现代环境艺术设计以中国传统文化为基础，设计者的设计理念均来自不同的文化。中国传统文化历史悠久、涉及较广，其不仅汇聚了上下五千年的历史文化，更聚集了中国五十六个民族的特色文化，为现代环境艺术设计提供了源源不断的设计理念。在现代环境艺术设计中，只要借鉴其中的小部分文化，加之设计者自身的设计思想，便可以创造出新的设计理念，既将中国传统文化融入其中，又避免了现代环境艺术设计的雷同。

二、加强文化氛围

现代环境艺术设计属于文化艺术范畴，其以中国传统文化为设计理念，在我国的空间环境中填充许多文化内涵，加强了我国的文化氛围，也提高了我国的人文精神。中国传统文化和现代环境艺术设计是相辅相成的，二者的融合不仅使现代环境艺术设计更富有文化内涵，也促进了中国传统文化的传承和发展。

三、提高设计水平

中国传统文化与现代环境艺术设计的融合就是文化与艺术的融合，在设计过程中，有效利用传统文化因素，并结合当下的时代潮流和时代特征，丰富艺术设计的文化内涵，使艺术设计更具人文性，并且设计结果还要符合人们的审美观，满足人们的审美需求，这不仅推动了艺术设计工作的创新，也有利于提高我国现代环境艺术设计的整体水平。

现今许多环境艺术设计师受国外影响，对外来文化偏爱过重，在我国环境艺术设计中，模仿西方环境艺术的现象较多，导致我国本土的传统文化遗失，中国特色的环境设计越来越少。

为了促进中国传统文化回归现代环境艺术设计中，我国环境艺术设计师应该加强对本土文化的重视，合理利用传统文化，使中国文化得到传承。

第二节　加强中国传统文化在环境艺术设计中的融合

一、坚持中国传统文化

为了让环境艺术设计具有实用性和审美性，在设计过程中还要考虑材料、色彩、采光等多方面的因素。所以，我们可以了解到，在环境艺术设计的过程中，可供选择和采纳的设计元素和表现手法是非常多的。在现代社会中，随着物质经济的不断发展以及人们精神文明的不断提高，环境艺术设计在人们生活中所占的比重越来越大，也越来越受人们的关注。环境艺术这一种结合我国特色艺术的形式无时无刻不在影响着人们的生活。

二、吸收外国文化的精髓

随着现今科技和文化全球化发展，我国的现代文化也颇受西方影响，融合了既具有中国本土特色，又具有世界潮流的新时代文化。在当下的环境艺术设计中，将中国传统文化和现代文化结合，既能体现出我国历史悠久的文化底蕴，又能突出我国的现代化气息。

不管是传统文化还是现代文化，不管是中国文化还是西方文化，现代环境艺术设计都需要在兼并文化的同时勇于创新。不同的文化具有不同的艺术特色，传统文化与现代文化存在历史意义的区别，而中国文化和西方文化具有地理意义的区别，"和而不同"是现代环境艺术设计中最为珍贵的设计思维，"和"是指不同时间、空间的文化特色进行汇聚交融，并巧妙地结合在一起，而"不同"是指各领域的文化特色融合在一起却不失本真，依然保有自身与众不同的特色，这就是现代环境艺术设计的最高理念。

目前，在我国新农村建设的各个村落，农民纷纷在墙壁上"涂鸦"，用书画艺术、警句格言、历史故事等赶走"牛皮癣"，将墙面变成了书画作品荟萃的文化长廊。

如何让农村墙壁"文明说话"？可以用图文并茂的形式宣传新农村建设、礼仪古训典故、荣辱观教育、环境保护、婚育新风、邻里和睦等。走在新农村的路上，文化的新风扑面而来，粉刷一新的墙面上绘有清雅的水墨画、绚丽的农民画、流畅的书法、引人深思的名言警句等会不时映入眼帘，不少农民的书画作品都在这些文化墙上"秀"了一把，农村墙壁成为撒播文化的"使者"，也构成了一道道亮丽的文化风景线。既美化了村庄，也美化了村民的心灵。

三、在传统文化的基础上积极创新

现代环境艺术设计需要的不只是文化的融合，还需要创新，每个艺术设计项目的不同特点才是设计项目的价值所在。成功的现代环境艺术设计项目是集各个领域的文化为一身，既展现出不同文化的特色，又有其独特的意义。所以，兼并文化、勇于创新是我国当下现代环境艺术设计的重中之重。

第八章　乡村环境艺术与乡村归属感的营建

第一节　环境艺术与乡村归属感

乡土文化是构成农村的基础。社会的进步和经济的发展为乡土文化注入了新的内涵，没有发展就没有现代文化的产生和传统文化的延续，乡村的更新与发展既保证了乡土文化的延续，同时也为新的文化得以注入提供了前提。因此，乡村的更新与发展不是将传统的生活形式完全排除，相反要将之纳入，使之与现代文化共生。日本著名建筑师黑川纪章先生曾经在《共生的思想》中指出，"共生"一词带有生物学及佛学的双重性，其与"共存、和谐、妥协"等概念有着本质的区别。为了在环境艺术中使村民产生场所感和归属感，对开敞空间必须进行精心的细部处理，开敞空间才能起到积极的作用而受到欢迎。而开敞空间造型艺术的物质环境以及功能性和社会性的空间处理能够拓展或扼杀发展的机会。用一系列的建筑布局和造型艺术等方式，可以引导居民形成某种活动模式，可以吸引所有的居民或居民群体。这样，社会关系就能和建筑布局相互协调起来（如图8-1）。正是在这种情形下，才可能观察到公共开敞空间及造型艺术的作用。这些基本的活动模式被用作起点是因为它们是几乎所有其他活动的一部分。这些活动都有许多相同的环境质量要求，及对开敞空间的要求和对开敞空间造型艺术的要求。

图8-1 徽州建筑

对建筑师来说，建筑不应当只是冷冰冰的、毫无人情味的居留所，创造和维护建筑的自然和谐已经成为建筑师们不可推卸的责任。1972年6月5日在斯德哥尔摩举行的联合国人类环境会议上，通过了《人类环境宣言》，其原则是用以鼓舞和指导世界各国人民保持和改善人类环境，使人们对自然环境与人类的关系有了更深层次的认识。

"人类改造其环境的能力，如果明智地加以使用的话，就可以给各国人民带来开发的利益和提高生活质量的机会。如果使用不当，或轻率地使用，这种能力就会给人类和人类环境造成无法估量的损害。"《人类环境宣言》要求人们对人工自然的拓展必须是有计划地和受控制地进行，人类的建设也必须与环境协调起来。人类理想的生活模式是什么呢？青山、碧水、蓝天、绿野，能闻到自然界的芳香，听到自然界的鸟鸣，看到自然界的原风景，触到自然界的灵感，感到自然界的睿智。"千里莺啼绿映红，水村山郭酒旗风"，陶渊明的"暖暖远人村，依依墟里烟，狗吠深巷中，鸡鸣桑树颠"所体现不就是我们一直在追求的人类理想的生活环境吗？而这正是传统古代农村诗意生活的生动写照。在农村有春分、清明、夏至、立秋、秋分、冬至……日常生活与农历紧紧相连，春季要播种，夏季要疏苗，秋季要丰收，生活与季节分不开，所有的活动行为均是与自然环境相吻合的。在英国人们将乡村生活作为人类的理想生活方式，贵族们在乡村建设城堡，在广阔的领地内通过狩猎充分享受乡村生活的乐趣。对他们来说，在伦敦的城市生活只不过是虚假的画面而已，而乡村生活才是真正的生活方式。

农村是人与自然和谐共生最典型的模式。现实条件下的农村正处在大的变革中，产生条件的改变，撤村建镇，农民上楼，城市中出现了大量农民工。在这种小城镇建设浪潮中，最不应该失去的就是人与自然共生的生活原型。无论农村怎样发展，只要"农业"不消失，这种"共生关系"永远也不可能消失。"发展经济"前提下的"农村自然环境的破坏"使农民与土地失去和谐的根基,现在本来脆弱的土地生态面临更严峻的挑战,土地生态异常脆弱,自然灾害频繁,城镇化对土地的侵占使人地关系矛盾更加突出。古老的土地上,由于世代人的栖居、耕作,留存了丰富的乡土遗产景观,一条小溪、一座家山、一片圣林、一汪水池,都是一家、一族、一村人的精神寄托和认同。景观设计先驱伊恩·麦克哈格用"设计结合自然"一词来描述一个地理区域的自然特征性、生物特性和生态型相一致的设计手法和开发模式,如路边、玉米田、花园、墙上涂鸦全部属于自然与艺术之间的那个丰富的图界。

我们对待农村自然环境的态度,不应是简单地对其进行肯定或者否定,也不应该对其进行精细雕琢,而是应该建立在与自然环境平等对话的基础之上的。空间环境意象是构建于区域气氛之上的,能够引发人的生理和心理上的效应,唤起人的欲望和需求,进而产生相应的行为。向自然学习,艺术地对待自然环境,从"纯自然"和"人工化的自然"中寻找艺术的语言,汲取艺术的营养,把艺术审美运用到"非艺术"的东西之中。这就预示着要用艺术的眼光去审视自然,会发现自然中处处都存在着艺术。在自然与艺术相融与同构的空间里,人们才能够幸福地生活。

人工环境是指人类协调自然而形成的人为的地域空间和实体环境,如乡村以及其中的建筑、道路、桥梁等构成的系统,也包括它们所围合、限定的空间。从狭义上来看,人工环境是由一个个实体要素构成的,如铺地、喷水池、灯具、座椅、雕塑以及环绕四周的建筑物等等,这些实体要素不同的表现形态和构成方法使人们获得了丰富多彩的生存环境。例如公园里的亭台楼阁属于人工环境,它具有一定的实用功能。但是,它的存在价值更多被赋予在了观赏的层面上,即相较于实用功能,它的审美功能更加突出(如图8-2、图8-3)。

图8-2　乡村郊外木桥

图 8-3　乡村郊外道路

艺术化的农村人工环境受农村的自然地理环境、人文社会环境等多种因素的共同
影响。但是与此同时，农村人工环境也具有相对稳定性，除了如极少的广告、装饰物
等少数物品会随其使用性质而频繁更换以外，大多数元素在一个相对长的时间内会保
持不变。人工环境要素包括村落、建筑物、景观、雕塑小品等，对人工环境经过精心
的细部处理，会使户外空间产生艺术化的效果。利用园林般的修剪处理方式，形成具
有艺术感的农村庭院空间（如图 8-4、图 8-5）。

图 8-4　乡村人工环境——雕塑小品

图 8-5　乡村人工环境——柳编工坊

第二节　具有归属感的环境改造

在实际改造过程中，往往会产生下面两个趋向：一方面，公共设施的建造更多的是与农村日常生活相关，如完成村村通电、通水、通路，改善排水条件，进行厨房和厕所的改建等，但对村民的精神、文化领域的公共空间的营造关注不够，甚至没有；另一方面，即使考虑到社区公共空间的营造，更多的是关注当代公共空间，如阅览室、文化馆、健身休闲场所等，往往忽视了村落中某些人群的传统公共交往的需求。传统社区的公共空间日渐萎缩，由此导致来中老年村民的孤独感、失落感。因此在自村落改造中必须统筹兼顾好传统公共交往空间和当代公共交往空间的有机整合，增加村民的社区归属感。改造建成环境就是将适宜的生态技术与地方营造技术相结合，建设乡村基础设施，包括清洁饮用水的供应、生态化污水处理系统、太阳能与乡村沼气利用的能源体系；配建农村公共服务设施，包括学校、幼托、医疗、敬老院等；引导村民协力建屋，参与改建，翻建住宅，重建乡村环境与乡土风貌。改造后的自然村落（如新疆的大漠村寨）实际上仍处在传统与现代连续统一体中，在改造过程中必须注入环境艺术的观念，农村居民场所感一部分来自生活的体验和积累。不同的阅历和体验会导致感觉上的差异，也会影响艺术感受。生活在城里的人一般只是从所谓的"逗留乡间"获得一点"刺激"。这不是真正的归属感，归属感并不是城里人到农村获得刺激，取得的快感，而是农村居民生活环境的长期体验和生活感受（如图 8-6）。

图 8-6　原始自然生态与古老传统文化共融的自然村落——新疆的大漠村寨

　　新疆的达里雅布依村（如图 8-7），位于塔克拉玛干大沙漠的深处，是沙漠中的唯一一块神奇绿洲。到过世界上很多沙漠，但从未在沙漠中心见到如此迷人的景色。这是一个不为世人所知被遗忘的世外桃源，直到 19 世纪初被世界著名探险考古学家斯坦因意外发现。这里至今还残存着古城遗址，承载着千年秘密，记录着古丝绸之路和于阗重镇的盛衰。生活在这里的达里雅布依人住着用胡杨、红柳和芦苇建成的房子，一片胡杨、一群羊、一口水窖，就是他们生存的需要和追求。他们保留着古老的生活习惯和习俗，有着古朴神奇独特的民风民俗。而达里雅布依人的特殊沙漠食物"沙烤大饼"和"沙烤羊肚肉"在全世界都是独一无二的。

图 8-7　留存古朴神奇独特的民风民俗自然村落——新疆的达里雅布依村

最古老的维吾尔族村落，位于吐峪沟大峡谷南沟谷。这里的村民日出而作、日落而息，以古老的维吾尔语进行交流，穿戴着最具民族特色的艳丽服饰，走亲访友时依然是古典的驴车代步，完整地保留了古老的维吾尔族的传统和民俗风情，被称为"民俗活化石"。麻扎村的房屋因地制宜巧妙地利用黄黏土造房，集生土建筑之大成，是至今国内一座保存完好的生土建筑群，堪称"中国第一土庄"（如图 8-8）。

图 8-8　"中国第一土庄"维吾尔族村落

吐峪沟千佛洞（如图 8-9）是吐鲁番地区现存于高昌时期最早、最大、最具有代表性的石窟群。吐峪沟还是中国的第一大伊斯兰教圣地，被誉为"中国的麦加"（如图 8-10），每年从世界各地赶来朝觐的伊斯兰教士络绎不绝。

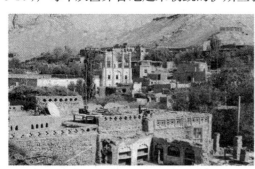

图 8-9　吐峪沟千佛洞

图 8-10　"中国的麦加"
——中国第一大伊斯兰教圣地的吐峪沟

新疆鄯善县蒲昌村，位于鄯善县老城南端，与库木塔格沙漠仅一线之隔，以唐代鄯善县名——"蒲昌"命名。蒲昌村是对原巴扎村进行改造后形成的一个具有浓郁民族特色的街区集合，村内灰砖铺道，生土建筑，具有浓郁的维吾尔民族传统建筑特色。
（如图 8-11、图 8-12）

图 8-11　具有传统和民俗风情的鄯善县　　　图 8-12　清晨的阳光穿过蒲昌村中的
　　　　　蒲昌村中的民房房门　　　　　　　　　　　　民房房门，洒向地面

建立在农村居民归属感基础的环境艺术，会被农村居民所能熟悉感知和所接受的
（如图 8-13）。比如把一座古文物建筑修得焕然一新，犹如把一些周鼎汉镜用擦桐油擦
得油光晶亮一样，将严重损害到它的历史、艺术价值。这也是一个形式与内容的问题。
目前许多地方的农村人工环境都大同小异，缺乏特色，关键在于缺乏乡土文化。

图 8-13　乡村盆景

第三节　乡村归属感与场所精神

人工环境与农村生活的协调不仅仅是视觉上的协调，同时还表现为环境艺术与生

活在这个环境中的农民精神上的协调。在设计中，归属感作为一个重要因素的确立，各种类型的小规模的"邻里保护"成为户外环境设计的主流，环境艺术理论更强调社区居民的日常生活，重视对居住环境渐进式的更新改造，强调以人为本，注重对原有的社会结构和社会关系的保护，尽可能地保护原有的生活方式，改善现有的建筑，环境服务设施，激发居民的邻里归属感、认同感。成功的优秀的乡土设计作品正如景观设计师弗雷德里克·劳·奥姆斯特德所说的"场所精神"。当人们对他们所生活的地方的社会习俗和自然环境越来越熟悉，并越来越融入这个环境之中的时候，他们就会对这儿的风俗、传统以及建筑和景观越来越依恋，觉得离不开这个熟悉的、具有地域韵味的地方。"精神"一词暗示了一旦人与当地文化、环境和建筑风格的联系更为紧密，我们的生活也因场地成为一个鲜活的空间，是我们所有感知的一部分，而我们自身的存在价值也因场地而得到了证实。坚持场所精神原则而设计的建筑和景观会增强我们对场地的社会责任感和奉献心。

我们通常轻易地，仅仅从视觉上考虑来判断某物是否美丽。一旦我们认真地处理事物，比如说评估一篇宅区规划或者景观设计，由于它与我们的生活、工作、名誉甚至下一代的利益密切相关，而我们的审美态度会影响大量的资金和劳动力投入，这时我们的审美评价就应小心谨慎，而不能像一个本能的视觉反应那么简单了。所以，存在着一种对美感的等级划分问题。在这个意义上，对于设计师和业外人士来说，审美感念和立场必然有所不同。设计并不是提供一个仅仅用来观看的东西，美感对于设计师来说还意味着责任。

图 8-14　荣成市礼村新旧建筑对比

在图 8-14 中，是礼村新村与旧建筑分界的街巷，在同一地域内，新建筑和旧建筑的同时存在呈现出了一种矛盾的局面，无论是继承传统还是追求创新，首先需要考虑的是与周围环境的协调。在新建建筑时，放弃地方特色是不可行的，但是为了保留地方特色而机械地对古建筑的风格进行模仿也不是一项好的措施。因此，要从全局出发，处理好新旧建筑的关系、建筑与人的关系以及继承与创新的关系。例如礼村保存有兴建于 20 世纪六七十年代的具有独特地域特色与艺术特色的海草房，该村在注重对海草房保护的基础上，加强对公共空间环境的整治力度，注重对村庄本身和村内景观设计进行美化，在村庄中心建设了广场雕塑，并在村庄的主要墙面上绘制了与周围环境相适应的壁画，力图通过对海草房的修缮与周边环境景观的整治形成新的地景艺术。新的建筑可以在风格、形式、建筑方式等方面来体现新时代的特色；与此同时也注重周边环境与景观的和谐统一，使介入农村环境中的新建筑不仅仅传承了当地建筑的地方特色，同时营造出一种具有审美高度的生活环境。

各地的造型艺术都是与当地的文脉结合并综合协调各种因素进行创作的。它在创作形式上表现出多样性的特征。而当前农村的造型艺术越来越趋于雷同，模仿之风盛行不衰，每有成功的创新之作问世，便被毫无节制地复制、翻版。在具体设计上应要求形神兼备，避免不伦不类、莫名其妙的简化和抽象。其实生活在当地环境之中，就应该真真切切地感受当地的历史文脉、地方文化，让人有归家的感觉。所以，开敞空间内的造型艺术必须尊重本土，所有的建筑也好，所有的植物也好，它都是从这块土地上长出来的，随意地把它放在一个不能被认同的地方，会让人有失去"家园"的感觉，没有了归属感。同时，也要尊重地方文化、地方精神、地方风俗，因为这些因素是不同环境中繁衍生息的，是人们内心的归宿，是人们生活意义之所在。在场所设计中鼓励人的参与，因为场所的重要特征是从这种参与中获得的。一个场所是一个整体的现象，它由三部分交织在一起，这三部分是：具有人造和自然要素的特定景观；一种可以为场所接受的活动模式；一套是个人同时又是共有的意义。场所不只是让人参观的、向人展示的，而更重要的是供人使用的，让人也成为其中的一部分。场所离开了人的使用便失去了意义，成为失落的场所。在农村居住区内场所的重要特征自然是村民的参与。体现的是村民的场所感和归属感。然而很多现代农村地区的开敞空间造型艺术在设计时忽视了对细部的谨慎考虑，忽视了人的行为活动规律，在这样的环境中人们缺少可停留，驻足的场所，场所只是一种展示的场地。在农村造型艺术应该村民的文化价值观，体现村民的"情感空间"。

赋予了场地感的建筑和景观设计会引起人类的文化价值上的共鸣。这些产生文化价值上共鸣的则是人类的"情感空间"尽管还是由那些没有生命的材料，如木头、石头、玻璃、砖块或灰泥等来建造，但一旦有文化价值共鸣时，这些单调的没有生命的建筑则立刻有了生机，带有本地独特的个性，成为一个区域重要的标志。实际上这些组成要素是心理的重要载体，使场地奇特的甚至精神上的特点具体化了。

建筑师汤姆·本德所说："一栋建筑就好像是一个人，有自己的心灵……也可能成为一个社会生命的一部分。它可以深深植根于当地的文化和传统之中，并又传达此地的文化特征和传统；他还可以帮助我们对周围的环境再度产生神圣的敬畏之心和光荣感；同时，一栋建筑可以表现出一种维系人类一生的情感世界，使人类的精神得到充实。"

在集体经济时代，村民们无法到外地谋生，只能在土生土长的村庄里劳作。村民们一起"日出而作，日落而息"，人们面对面互动的机会也非常多，彼此之间较为熟悉，休戚与共，同甘共苦。市场经济的发展恰恰为村民提供了流出村庄赚取货币的大量机会，"村民从村庄之外获得经济收入，村民之间频繁、密切的交互作用受到限制。这为村民割断与村庄之间的社会联系、心理联系提供了前提，大大削弱了村民对于村庄的认同感，乡民的共同体验不见了，共同体意识难以产生"。正如涂尔干所说的："一旦他可以频繁地外出远行，他的视线就会从身边的各种事物中间转移开来。他所关注的生活中心已经不局限在生他养他的地方了，他对他的邻里也失去了兴趣，这些人在他的生活中只占了很小的比重。"村落公共空间建设（如图 8-15），可以增加村民们日常联系与沟通的机会，从而增强了村落共同体联系的纽带。

图 8-15　元阳哈尼族村落公共空间

为此，村两委特地把村老年协会、村体育运动俱乐部、村幼儿园、图书室等都放到祠堂里面来，从而把祠堂建设成全村男女老少都非常乐意去的休闲娱乐活动场所。一边是老人们在祠堂里看电视、看报纸，一边是小朋友们在愉快地玩耍。大家都乐于在祠堂内聊天，村内大大小小的信息都得以在此得到传播，一些村内将要推行的重大事项也在此得到了热烈的讨论，祠堂已俨然成为祥贝村"务实、开放、有效"的村落公共空间（如图 8-16、图 8-17）。

图 8-16　余氏示祠

图 8-17　新农村文化戏台

环境艺术包括农业为主的生产景观和粗放的土地利用景观以及特有的田园文化特征和田园生活方式。因此,农村环境艺术建设是一个长期的过程,需要分层次、分类型、分阶段逐步实施,并在实施过程中警惕一些问题的产生。农村开敞空间造型艺术的乡土特征从不只受文脉特征或自然特征的影响,而是受二者共同作用的影响。自然力量和人类力量的集中就使每一块场地区域具备了自己的特点,形成了一个独特的本地传统的独一无二的场所。

这种人类环境与自然环境的对话、交流形成了人们对场地的依恋。而这种依恋又变成了当地村民的场所感和归属感,只有当地村民使得这种有意义的传统得以永存。文脉与自然的互动在农村形成了一个独特的空间,常常又营造一个更为健康的文化环境和生态环境。人们总是想为自然界增加些什么,然后又完全改变它。人类的这种干涉只有在延续了对精神的尊重基础上才可以成功。

特别令人遗憾和痛心的是,现代建筑和土地利用常常偏离文化和生态的重要性,并且破坏了当地的传统。这一现象有时也称作场地感缺失:场地感失去了独特的本地或区域的特点,而常常被千篇一律和毫无特征的要素取而代之。地理学家爱德华·里尔夫这样描述场地感的缺失:如果场地是世界上某一种存在的基本需要,如果场地是个体和社会安全之源和保证，那么对那些重要的还未失去的个性的场地采取相应的措施来体验、建设和维护是很重要的（如图8-18）。

图8-18　乡村木板桥

然而，这种手段正在不断地消逝，场地感正在遗失，场地独特性和多样性削弱是主要的推动因素。这种场地感缺失的趋势使地球上与场地紧密关联的事物急剧地失去，变得飘忽不定，让人产生没有根本的感觉。现代社会的各种发展趋势已使人们对工作和生活的地方感到陌生，人与场地的联系、从属关系和依恋性也越来越松散。

现代社会发展的这些趋势包括邻里感和社区感的减弱；社会流动性和地理形态的变化加速，城市和郊区的蔓延，开放空间的减少和环境的恶化以及经济的全球化和心理不联系性的增强，而马克·萨哥夫则把这种隔离称为"成为我们自己土地上的陌生人"。

农村建设不仅仅要达到视觉上的变化，还要实现艺术化与生活在农民精神上的协调和一致。在居住区公共空间对人的视觉影响上可分为积极的农村公共环境与消极的农村公共环境，积极的环境令人精神愉悦。

农村公共空间建设强调与居民的日常生活相联系，重视对居住区公共空间视觉形态渐进式的更新改造，强调以农民为主体，并注重对原有的社会结构和社会关系的保护，尽可能地保护原有的生活方式，改善现有的建筑、环境服务设施，激发居民的邻里归属感和认同感。例如在徽州地区的一些村落中，井台空间已经失去了原有功能，自来水的普及使人们无须再到户外的井边或河边洗衣、洗菜；但是对于井台空间这样一些在现代生活中已经失去实用功能的空间场所来说，完全拆除并不是一个好的处理方式。一方面，它们是聚落发展的历史见证，保留下来具有一定的历史和文化方面的意义；另一方面，我们可以通过对井台环境进行改造，使之成为休闲、交流的场所，让其重新充满活力和家园感。与此同时，现代农村居民对健身锻炼、儿童游戏、文艺表演、节日庆典和民俗活动等休闲娱乐的需求日益增加，需要有相应的活动场所（如图 8-19）。对于新建设的农村，场所空间应该体现现代乡村的生活特征，满足现代生活的需要。

图 8-19　荣成市礼村村广场的公共设施

归属感是环境中的一个非常重要因素，农民对他们生活的地方的自然环境和社会习俗是非常熟悉的，当有新的东西融入这个环境中的时候，就要注意地方风俗、传统建筑和景观（如图 8-20、图 8-21），这是形成具有地域韵味不可缺少的要素。不能仅仅从视觉上判断某物是否美丽，而是要把它放在特定的自然、人文环境里来综合考虑其美感。农村的发展不能完全将传统的生活形式排除，而是要与现代文化进行整合、共生。社会的进步和经济的发展为农村注入了新的内涵，农村建设既要保证乡土文化的延续，也要使新的文化得以注入农村。

图 8-20　江南乡村地方风俗

图 8-21　东北农村地方风俗画

第四节　诗意的乡村环境

　　距离南京市区约 1 小时车程，高淳凤山脚下的石臼湖边，曾经是建于 20 世纪 70 年代的粮库，诗人王拥军和叶辉的住宅在这粮库外围沿湖而建，有中式院落韵味且更开敞，取材为当地产红砖，建筑师张雷对细节的严格控制使这个乡野别墅显得俭朴而细腻（如图 8-22）。王拥军和叶辉是南京郊县普通的民间诗人和艺术爱好者，与那些新兴的有产阶级的别墅不同，他们对空间和生存方式的表达，包含了他们对环境和社区生活的想象。建筑师张雷曾经反复提起：这个住宅是他与业主的公共营造。王拥军宅位在正中，面湖而建，呈 U 形。

图 8-22　高淳凤山脚下的石臼湖边砖头房子

院落视野开阔，景色绝佳；又有小院，高墙紧锁，独对清空，一张一弛的空间布局，契合着业主对迥异于闹市的乡野居所的期盼。而红砖的三种特异的砖筑机理，门窗和楼梯装修细节的关照，都使这座简单的建筑更为耐看（如图 8-23）。

图 8-23　砖筑机理

　　叶辉是诗人，宅所在位置最偏远，也不求阔大，静谧和自省的空间营造是叶宅所追求的，所以有院中独处之室，有临湖冥想之窗，有自造露天浴室，叶辉自言喜欢南方隐秘的、迷宫式的空间，对他与张雷设计的自宅，他用中国传统伦理话语称之为"和善的空间"，并以"阵雨别墅"名之，意思是朋友们来了聚会就像阵雨，过后又是山野湖景的常态。"砖房子"延续了建筑师惯用的"院落"主题，并且同时在表皮上做了新的尝试——用三种砖机理进行抽象立体主义式的编织。"院落"的主题体现在总平面和内部空间上，采用了正方形总平面的内向围合形式；基地的开阔使得建筑的功能布置比较自由——直角空间、线形序列，大量且连续的交流，交由拍卖会、休闲、展示空间成为建筑内部循环的主体部分。这也是简陋的技术条件下所做的选择——既然无法在结构上动脑筋，那么就尽量增加非功能性空间的层次，增加视线贯穿和交换的密度。换句话说，创造尽可能的感官兴奋区域。建筑的外表是设计的着力重点：砖表皮将建筑严实地包裹起来。它像建筑内部的行走，停留空间系统一样，近乎独立，每一个墙面都是空洞、凹半砖和凸半砖两至三种砌法的混合。三种密度的砖肌理和无规律的窗洞一起进行着孟德里安式的几何划分，在背湖一面砖墙生硬冰冷地隔绝了陌生的窥视，保护住个人生活的秘密；而在朝湖一面，它和反复出现的大面积窗洞，一起组合成户内外高频率视线呼唤的生动元素。代表中国建筑师的新近作品，"砖房子"参加了 2008 年年初在美国举行的《纽约·中国建筑展》。

第九章　美丽乡村环境公共空间规划设计

第一节　美丽乡村环境公共空间规划设计要求

一、农民对公共空间的需求

美国心理学家马斯洛（abraham.maslow，1908—1970）的人类需求五层次理论是研究人的需要结构的一种理论，是一种首创理论。首先，人要生存，他的需要能够影响他的行为。只有未满足的需要能够影响行为，满足了的需要不能充当激励工具。其次，人的需要按重要性和层次性排成一定的次序，从基本的（如食物和住房）到复杂的（如自我实现）。最后，当人的某一级的需要得到最低限度的满足后，才会追求高一级的需要，如此逐级上升，成为推动继续努力的内在动力。

在满足了物质需求的基础上，人们就有了更高的要求——精神需求。以前的农民温饱都没有解决，根本没有心思去想空闲时间去做什么，或者充实自己的生活。但现在不同了，农民的生活水平提高了，要求也就相应地提上去了，看到城里人有什么他们也要买什么，城里人用什么他们也要用什么。这就是进步，就是发展。

研究农民对公共空间的需求，是为了更好地了解农民的想法，了解现在的经济状况下农民的思想。在党的十六届五中全会上，党中央明确提出了建设社会主义新农村的伟大历史任务，并确定了新农村建设的 20 字方针，各基层正在如火如荼地进行新农村建设，但是有没有想到农民想要的是什么样的新农村呢？这正是我们在进行农村公共空间建设之前所要考虑清楚的。

讨论研究的是农民对公共空间的需求，是农民的思想，农民对公共空间的需要。农民的生活水平提高了，对精神需求的要求自然也就提高了，需要什么样的公共空间只有农民自己心里最清楚，别人强加上去也是枉然。

研究农民对空间环境的需求，能够帮助我们全方位地了解农民对公共空间的要求，能否看到农民真正需要的是什么，做到从基层着手，做到以民为本。

二、共同建设乡村家园

社会结构包括人口结构、家庭结构、就业结构、社会阶层结构、城乡结构、区域结构。农村环境艺术设计是一项由政府、农民、设计师和民间组织共同参与、共同努力的社会事业，只依靠任何一方或者几方都无法真正将这件事完成。但是在大多数人的观念中，规划与设计是政府的工作，是作为一种政府部门的职能产品而存在的，这种观念现在看来是不正确的。

中国的农民一直以来都具有朴实勤劳的传统美德，自私自利和目光短浅主要是由于农村现实条件的制约和农民的生活水平低下、受教育程度不高等原因造成的，而这些也是导致农民环境意识整体薄弱的根本原因。为了摆脱贫困，农民急于发展经济，对个人利益较为看重，因而会为了维护个人利益而做出漠视公共利益的选择。农民的这种做法虽然可以理解，但是却不值得提倡，培养农民的公共和环境意识是一件迫在眉睫的事情。

艺术感不是自然的天赋，而是一种在特定的文化条件下通过学习获得的能力。童润之曾说："建造美术馆、博物馆、博物院、陈列所、公园、动植物园及其他含有美术性质的公共建筑，大都限于城市，乡村无法染指，这是一个很大的缺陷。这类建筑与设备，不独可以培养乡村人民欣赏美术的能力，而且可以给予人民正当娱乐的机会。提倡乡村美术的认识，不得不注意此点。"但在现今的农村，农村公共活动基本场所，如广场、球场、图书室等都较少。

国内的艺术聚落大多因艺术而生，因商业的进入而终结。如何寻找艺术与商业开发，特别是与城市扩张之间的平衡，让艺术家有长久的安身之所，是众多艺术聚落一直未能解决的难题。成都市通过打造统筹城乡改革"升级版"，以明晰产权为切入点，让艺术家有了稳定的创作场所，也利用艺术产业链带动了当地农民增收。

"成都蓝顶"位于成都市锦江区和天府新区交界处，距离市区10公里，依山傍水，空气清新，充满野趣，正契合众多艺术家追求的环境特质。

在"成都蓝顶"的实践里，成都市作为全国统筹城乡综合配套改革试验区，按照打造统筹城乡改革"升级版"的政策，通过规划和土地政策保障了艺术家的权益。具体的做法是，政府将蓝顶艺术区周边规划为环城生态区，集体土地通过流转，并用立法保护艺术区用地和规划的合法性，摒弃城市"摊大饼"式无序扩张，保证这里免受商业的侵蚀；政府还为艺术家工作室颁发合法的房屋产权证。在解决艺术家后顾之忧的同时，也保证了农民利益的最大化。

统筹城乡改革"升级版"的红利，艺术家迸发出前所未有的创作激情。按照政府统一规划，这里已建起了独立式、集合式等多种形式的工作室。有的艺术家则租用这里的工作室。在蓝顶，各具特色的"画舫"散落在坡地里。艺术家与当地群众和谐共居，艺术的抽象和生活的现实叠加在一起。

蓝顶当代艺术区所在地原本是一片贫瘠的农村荒地。后来，这里率先进行统筹城乡新农村建设，村里环境大为改善，随之而来的艺术让许多村民沾光致富。

村民李志军做梦也没想到自己会成为"文化工作者"，他如今是蓝顶美术馆的馆长助理。在李志军周围，不少村民放下锄头拿起了画笔，成为业余画家。另一些村民则做起了加工画框、做艺术品物流的生意。如今，围绕蓝顶艺术区的艺术产业链已初步形成。画框生产、艺术品物流配送、艺术商业、艺术会所等陆续兴起，越来越多的当地农民参与到这个艺术经济生态圈中，蓝顶艺术区的规模也逐渐扩大。

蓝顶艺术馆馆长金延说，这一切改变是统筹城乡改革试验的积极成果，"城乡统筹就是共享、共生、共荣"。他认为"蓝顶现象"给中国的新型城镇化发展提供了另一种价值观，不是把乡村全部用推土机推倒，土地拍卖了建一片水泥森林，而是城市与乡村和谐发展、物质与文化齐头并进的概念。

因此，在农村建设中各级政府仍要切实承担农村的公共设施建设和公共服务的领导责任，实现人们的生活方式从"小我"向"公德"的转变；引导村民改变固有的陈旧思想观念，提高村民对公共空间的理解力；在公共空间视觉营建中担负起提升农民审美水平的责任，用好的艺术效果去影响、改变公众审美的落后性。此外，政府作为规划中重要的利益主体，应主动和村民、设计师、民间组织之间形成一种和谐、有机的互动。

南洞村邀请专家和艺术院校教授策划项目建设，对村居进行规划设计。结合旧村改造，将南洞原有的院落式平房，改造成具有鲜明特色的海岛石屋，既保留乡村特色又显示现代气息。这正如蔡元培先生的《美育》一文中所描绘美的乡村的样子："……全乡地面而规定大街若干，小街若干，街与街之交叉点，皆有广场。场中设花坞，随时移置时花；设喷泉……陈列美术品，如名人造像，或神话、故事之雕刻……两旁建筑，私人有力自营者，必送其图于行政处，审为无碍于观瞻而后认可之……"蔡元培先生主张要在"美"的环境中对人们进行美的教育，而且生活在"美"的环境中并能对其有主动感知能力的人必然比在"不美"环境中的人具有更强的审美能力。

在农村建设过程中，存在村民、设计师、村委、民间组织等几方。由哪一方主导，将直接影响环境营造的重点和效果。设计师主导的重点关注的是物质的空间布局，容易导致设计师把其自身的审美情趣及价值观强加给村民，而来源于设计师的审美情趣和价值观对于长久处于乡村文化熏陶下的村民而言，也不一定能够喜欢和愿意接受。过于强调"艺术家中心"的观点非但不利于艺术的传播，反而会对其传播造成阻碍。对于设计师来说，应该拥有为民服务的崇高理想。

艺术美化乡村空间，让我们想起了包豪斯那种期望以艺术改造社会的理想，虽然只是那个时代的一个"乌托邦"，但应该承认的是，这确实可以作为艺术的最高理想，通过艺术和设计中的人文关怀来传递社会伦理与道德，不断地接近理想，构建一个真善美的境界。对于农村的环境建设来说，除了满足设计师在艺术及自身等方面的利益诉求以外，和农民进行良好有效的沟通，显得更为重要。而村委会主导下的基础设施建设，向来缺少美感和人文关怀。这样一来，农村公共空间视觉文化建设容易变成乡村的"政绩工程"，使农民对于自己村庄的发展仍然处于一种被动接受的状态。这两种情况下的环境营造都不可能产生理想的效果。

在农民的物质生活还未丰富的情况下，他们也向往"城市"美好的生活环境，让其在现代化生活的诱惑与传统地域特色或者自然环境之间进行选择，为了保留传统特色和自然景色而忽略高质量的生活显然是不太现实的事情。例如在农民参与规划设计方案评价时，物质性的居住条件往往会成为农民在参与规划时关注的焦点，而自然生态环境则容易遭到忽视。另外，虽说强调村民的参与，村民即使参与到了规划设计过程当中去，在其中起到的作用却也是很小的，多是一种"表演性参与"；公众参与将一部分决策权让位于没有接受过专业和美学训练的农民，农民整体素质的局限性必然会对环境塑造的质量产生影响，抑制设计师思想的表达，也出现了压制设计的创新性等诸多问题。

农民在农村环境营造中是耕种者、建造者，更是园艺师、建筑师，让农民主动地"参与设计"，是要农民与建筑师、规划师、艺术家一起探讨对空间的切身需要等种种细节。农民是新农村建设的主要实践者，"自下而上""农民动手"培养农民参与农村建设的热忱，唤回广大农民自身的主体意识，加强农民的审美培育，将农民参与的可能性赋予和加强到新农村建设中去；尊重自然规律，使自然景观与人文景观有机融合，构建农民与环境和谐相处、宜人亲和的新农村。

第二节　美丽村居建设下农村社区公共空间景观设计

美丽幸福村居是从农村社区居民基础设施建设出发，通过协调交通、建设公共设施、景观绿化等措施，提高农村社区居民居住幸福感，改善农村社区居民生活环境，体现当地的风土人情与文化，从而促进农村社区的发展。随着美丽幸福村居建设理念的普及，农村社区公共空间景观设计也显得更加重要，不仅可以促进美丽幸福村居建设理念的落实，还能为农村社区居民提供更好的生活环境。

美丽幸福村居，是在已铺开的宜居社区（村）建设工作局面上延续开展的村（社区）工作。美丽幸福村居建设要全面落实美丽幸福的内涵，确立理想目标，为农村社区居民提供美丽、幸福的家园。

一、美丽幸福村居建设下农村社区公共空间现状

（一）农村社区公共空间的含义

农村社区公共空间主要是指人们可以自由进出，进行各项活动和信息、思想交流的公共场所，如场院、中心绿地、广场等。由于这些场所具有人群的聚集性和活动的滞留性，是人们最易识别和记忆的部分，也是农村社区特色的魅力所在。

（二）农村社区公共空间现状

1.农村社区公共空间存在的主要问题

（1）注重眼前利益，缺乏可持续性

长期以来，城市以经济发展为导向的管理理念导致村庄发展的可持续性不强。具体表现在：①土地利用碎片化和无序开发建设，不但影响农村社区的空间品质，土地资源的浪费更是成为阻碍农村社区集体经济进一步发展的桎梏。②缺乏环境保护意识，对耕地、林木植被、河流水体等污染严重。③现代化的城市生活对农村社区原有的传统文化产生了极大的冲击，城镇式的建设模式与发展理念带来了"村村像城镇"的怪现象，传统村落文化面临继承危机，乡村特色趋于消失。

（2）轻规划，重建设

城市在发展过程中，乡、村全部纳入市、镇规划范畴，村庄规划管控统一按照城镇规划标准。因此，这对于已建成的村庄来说，往往导致规划大多只能停留于蓝图状态，实施性不强，对村庄建设的关注点多是环境整治和基础设施改造方面，对村庄的公共空间规划更是少之又少，这导致农村社区的整体局面缺乏秩序感、舒适感。

2.村民对公共空间的心理需求

农村社区居民的邻里关系密切，喜欢进行大量的邻里交往活动，如日常交往、举行节庆活动等。但在城乡建设进程中，政府及设计者对农村社区居民的这种心理需求不够重视，导致农村社区的公共空间缺乏人性化设计，即使建成了也会由于后期的养护管理不到位，使得公共空间既脏又乱，导致能够互动、休闲的公共空间在农村社区严重缺乏，远远满足不了农村居民的心理需求。

3.公共设施不完善

"公共设施"一般是指公共场所用于活动的、人们可以感知的设施，包括广场、公共绿地、道路和休憩空间等的设施。农村社区一般存在着公共设施数量不足、建设质量不高、建设布局不合理、后期管理维护不到位等现象，给社区居民的生活、出行、工作等带来很多不便。

二、公共空间的分类

1. 分类

将公共空间从宏观上根据形态尺度的不同，可大体分为点状空间、线状空间、面状空间。

点状空间：类似于村口、古树、广场等单元空间，一般是一村落里面的景观上抑或是空间上的节点处，是人们日常交流、休憩乘凉的场所，往往具有可识别性。同时，也是一个村落里风俗习惯等最形象具体的代表，是外来人员对乡村先入为主的第一印象。

线状空间：作为乡村的重要空间之一，主要是村落里的道路交通系统，代表了整个乡村的骨架，是点状空间和面状空间两者之间相互关联的纽带，如乡村里面的街道、河流及湖泊等。

面状空间：从宏观的角度来看待整个乡村的公共空间分布情况。与"点""线"空间有效地形成了整个空间的网络构架，它承载着乡村居民的生活习惯与公共活动，是乡村聚落整体环境的重要组成部分，维系着社区的认同感，传承着传统文化精神。

2. 现状

随着新农村经济发展得越来越好，村民的生活质量也逐步提升，而人们对于公共空间的需求会变得多元化，但目前尚存在如下问题：

（1）功能不够多元化。现如今人们需要的乡村生活不再是简单的只是满足于人们围坐在一起家长里短的闲聊，还有很多原本的交往活动也在逐渐消失，如乡村里面的旧戏台或者是祠堂等建筑，因为建筑和环境的破旧加上人们兴趣活力的消散，会导致一些传统的活动慢慢淡出人们的视野。还有村民活动中心建设，也从只有基础办公和几个打乒乓球的空间变成了需要集合阅读空间、多媒体空间、小商店等于一体的复合空间。

（2）空间面貌大多趋于"城市化"。由于需要进行村庄搬迁和农村住房的更新，无论是新建的村庄还是传统的村庄，公共空间都是以自上而下的决策形式建造的。公共空间的形式取决于政府决策者的偏好，使公共空间成为城市化的趋势。与此同时，政府规划者往往只关注生活空间的外在形式，却忽视了公共空间环境的建设，只是模仿城市公共空间的建设。如此，新的农村内部公共空间就已经失去了当地本应具有的人情关怀。公共空间被交通功能占据，起不到一个聚集人群的功能，人们随意通过，这样便失去了容纳集体空间、人际交往等一系列活动的作用。

（3）地域性。如果说人为的场所都和它们的环境相关，自然条件与聚落形态学便有一种意义非凡的关联性。一个聚落或者村落的整体形态必然与其所处的地形地貌有着极大的关联。"当整体环境有地形存在时建筑才诞生"，这就充分说明了建筑是要扎根于环境中的，并不是一个标准对许多地方复制的模式一样，只考虑了这个空间能不能用的问题。马岔村的村民活动中心建筑环境与其周围黄土高坡的地理风貌相协调，以及使用了村落里当地的夯土技术建造，很好地囊括了村落的民居民风、生活习俗和原始风貌。从远处瞭望，建筑能够十分协调地融入周围环境之中，符合地域文化的特点可以说是最基本的核心。

（4）缺少对儿童的考虑。近年来城市化进程中的人口迁徙和新农村建设，加剧了乡村社会经济的发展变迁，在乡村人口结构变化、经济活力提升的同时，也带来了乡村公共活动及承载它的传统公共开放空间的衰败。在人们思考并投放美丽乡村建设时，更多考虑为孤寡老人提供适老化设计，但忽略了留守儿童的游乐嬉戏空间或者场所。在这方面，关于专门供儿童使用的空间上有些考虑欠缺。

三、乡村公共空间环境设计原则

关于美丽乡村建设，人们大多数都将重点放在了整个村落的空间布局规划以及景观环境的治理问题上。而公共空间存在的重要性往往会被忽略掉，它在将人们的生活相互联系起来的同时，既具备景观的功能又有服务村民的功能。关注乡村中的公共空间环境设计，能更好地把握小空间与大空间的均衡关系，对整个乡村的规划起到积极的调整作用。

1. 参与性

在建设公共空间的过程中，如果有当地村民的共同参与，共同去完成建造，一方面可以获得一些因"不确定性"而产生有趣的意外收获，另一方面可以使人们在参与建设的过程中与场所空间产生天然的联系，它们既是建设者也是使用者。尤其是供儿童游乐的场所，如果让小孩子们去自己创造一些属于自己的"回忆"，体验到参与其中的乐趣所在，这也是公共空间所存在的价值体现。如让小孩将自己的手印印在由砖块围合的泥土中；让当地的人们切身体会到参与感的价值与快乐，既会促进设计者与人们的交流，知道什么是当地人们所需要的，也会加深村民的认同感。

2. 可持续性

从字面上理解，可持续性是一个可以持续很长时间的状态和过程。在美丽乡村的建设背景下做到建筑和环境的可持续性发展，可以将其理解为如何通过对现有遗存资源的再利用，如何对废弃或利用率不足的空间进行功能和空间上的重构。同时，它可以在未来的发展中继续更贴切地发挥自己的价值。西河粮油博物馆及村民活动中心是对村庄里一个废弃的粮管所进行的改造。考虑到村庄未来发展的产业，在对原始建筑单体尽可能的保留下将新的功能融入，对材料的挑选也都是就地取材，既节约了成本，也实现了材料的可持续性。

所以，从上述可以得出，可持续性大致有两个方向：一个是从材料及环境上的可持续性，另一个是从乡村未来发展角度上的可持续性。

3. 空间的丰富多样性

既满足了对文化精神的传承又满足了对功能的重构，空间的丰富多样能给人们带来更多的活力。东梓关村的村民活动中心就是在开放的空间特质下满足不同时态下的功能需求，此起彼伏的屋顶与当地村民的生活的场景，一起构成了"大屋檐下的微型小世界"。

在整体的功能分化上，一改大多数封闭公共空间的使用状态，空间流动性强，与外界关联性强，承载村民生活的多样性、丰富性和细微性。从棋牌、放映、体育活动到小铺叫卖，村民的日常生活休闲娱乐方式被分为一个个相互独立的单元场景，来往的人群可以在连通内外的空间里自由行走、逗留，阳光、气息和外部的环境在无形中就成为公共生活的背景。村里的过会、听戏、红白喜事等相对重要且人群密集的场合，则可通过合理的调整将空间再次重新组合，这样一个空间就可以起到多种用途，也增加了空间的使用率。

四、农村社区公共空间景观人性化设计

结合上述农村社区公共空间景观人性化设计中存在的问题，下面对基于美丽幸福村居视角下农村社区公共空间景观人性化设计对策进行具体分析：

（一）农村社区公共空间景观人性化设计原则

1. 整体性原则

整体性关注的是事物之间的结构关系，强调各个组成单元的统一而不是各个单元效用的简单叠加。农村社区公共空间是由点、线、面等不同形态的空间构成的整体，其规划设计是在遵循现有村庄肌理的基础上，注重点、线、面之间的联系，整体布局的效用大于点、线、面简单的叠加，同时还要和农村社区风貌和谐，如色彩的统一、比例的协调等等。在发展层面，注重配套设施的完善、绿化景观的营造以及文化特质的体现。按照整体性原则规划建设品质空间，使农村社区形象得到提升。

2. 舒适性原则

农村社区公共空间既要满足功能需求，也要为活动的人提供一个良好舒适的空间环境。舒适的空间环境能给人带来良好的心情，还能促进人与人之间的交往。宜人的空间尺度和景观环境能给人以亲切感，削弱建筑实体围和而产生的冰冷感，在规划设计中，要关注公共空间的尺度适宜、景观界面丰富、设施设置合理等方面。

3. 地域性原则

每个农村社区都有各自的特点，农村社区公共空间应该结合社区本身的特点来进行规划设计和建设。例如山地农村社区的公共空间建设要基地界面相融合，最大限度利用特殊的地形，突破空间使用的约束；滨水农村社区公共空间更多考虑水环境的融入，打造亲水元素，实现人与环境的和谐。地域文化也是设计的重要内容，在设计时也要注意引入相应的元素。

4. 协调共生原则

随着社会的发展，农村社区公共空间经常会出现人地关系紧张、空间布局混乱、新型广场和传统风貌不相融等现象。因此，规划设计师在设计中应协调多方面的关系，达到各元素的融合共生，并考虑社区公共空间承载的人口和设施，在不威胁生态环境的情况下，达到公共空间的建设与人口规模、设施配套、环境保护之间的协调与适应，即人与自然的协调共生。

（二）农村社区公共空间景观人性化设计建议

1. 广场景观的人性化设计

广场是农村社区居民最常见的活动场所和最重要的聚集地，不仅是农村社区民俗文化的集中体现。在进行广场景观设计时，首先要充分了解农村社区的现状及历史，把握农村社区的肌理特点与文化特色，从社区居民的生活习性及日常需求出发，以人文、生态、舒适的理念设计出富有本社区特色的人性化广场景观。

2. 运动场所的人性化设计

农村社区的运动场所往往比较欠缺，在美丽幸福村居建设背景下，农村社区的运动场所逐步得到政府及设计者的重视。在进行运动场所的设计时，除了对运动场所舒适性的景观营造，也要布置一些健身器材让村民在闲暇时进行锻炼。健身器材的布局应设置在农村社区的广场边缘或是道路两侧的空地便于村民随时随地健身。并选择可以遮阳的场地，方便人们锻炼和休息。健身器具应强调牢固性，避免出现尖锐的部件，保证使用者安全。

3. 公共设施的人性化设计

公共设施的人性化设计应着眼于研究农村社区公共空间、环境、居民三者的关系，应从居民的户外活动需求出发，考虑农村社区公共空间的整体性和发展的连续性，设计布置统筹、协调、耐用、经济、美观、安全的公共设施。完善的人性化公共设施对构建和谐农村社区，增强农村社区的幸福感与归属感起到重要作用。

4. 公共绿地景观的人性化设计

农村社区公共绿地的建设应以乡土树种为主，适当引进外来树种，对乔、灌木和地被植物进行合理的搭配，依据植物的特征、色彩、形状等营造出景观植物的疏密感和层次感，打造三维立体的绿地景观，给人们带来视觉、味觉等不同的感官享受。

随着农村社区居民生活水平的不断提高，人们对社区各个层面的生活环境产生了很大的需求。他们更重视社区环境的生态化、舒适性、安全性和便捷性，以及邻里关系的和谐性。因此，在对农村社区进行公共空间景观设计时，要充分整合、利用农村社区资源，遵循"以人为本"的设计原则，建设有农村社区特色的公共空间，增强农村社区居民的满足感、安全感与归属感，这对促进和睦的邻里关系和良好的社会关系的形成起到了非常重要的作用。

第三节　传统村落公共空间的特征对美丽乡村建设的启示

传统村落公共空间既有景观功能、服务功能，又是乡村地域文化的载体，挖掘其规律与特征，对当前美丽乡村规划设计和村容风貌的提升有重要作用。在解读公共空间的概念和国内外研究综述的基础上，分析传统村落公共空间的构成要素与功能变化，以及传统公共空间的布局特点，归纳传统村落公共空间的特征对当前各地美丽乡村建设的启示，得出当前美丽乡村的规划设计不仅要遵循因地制宜、生态环保、以人为本、合理布局的原则，也要继承与运用传统公共空间的构成要素，将公共空间作为地域文化的载体采取一定的文化传承措施，以提高农村人居环境质量，发扬与继承地方传统文化，并对今后的美丽乡村建设提供参考。

公共空间的概念包含两个部分：一是指村民可以自由进出，开展人际交往、参与集体活动和村庄公共事务等社会生活的场所；二是指离开了固定场所的限制，群众中普遍存在的一些制度化组织、活动、习俗等。公共空间展现了独有的乡村社会文化特征。

早在20世纪50年代，社会学和政治学的论著就提到了"公共空间"的内容；60年代初，以刘易斯·芒福德和简·雅各布斯的相关研究为代表，"公共空间"逐步纳入城市规划和城市设计的有关领域，之后西方众多建筑学领域的学者开始将研究重心转向民间传统聚落。自90年代以来，英国的伦敦规划顾问委员会将建立公共空间系统作为一个绿色战略，并从生态、社会以及文化等多方面加以评价。

中国学者对传统村落做了比较全面的探索和研究。彭一刚分析了各地村镇聚落景观的差异；刘沛林将"意象"的概念引入聚落研究中，从主观感受研究聚落空间形象；段进对世界文化遗产宏村、西递的形成原因、结构布局和空间效果进行了全面的分析；刘传林认为古村落的传统"空间观"与当代的新农村规划建设要求相适应。戴林琳、鞠忠美、王东等研究了国内多地村庄公共空间的发展变迁，主要原因是社会经济快速发展引起的人们生活方式的变化。薛颖、周尚意、朱春雷、吴燕霞、陈芳芳等研究了乡村公共空间与乡村文化的关系，并提出了一些文化传承措施。王成等运用CSI评价法对重庆大柱新村公共空间农户满意度进行评价，有针对性地指导了公共空间重构。由此可见，国内传统村落的研究大多从村落物质空间与人文社会两个方面出发，本书的研究切入点就是传统村落物质空间的一个组成部分——"公共空间"的特征。

过去传统村落是"熟人"社会，公共空间多是在人们的生产、生活、交往中自发形成的，是当地的人文历史、生活习惯的集中体现。改革开放后，随着社会经济快速发展，农村社会改变了封闭同质的面貌，过去充满生气的传统村落公共空间日渐衰落。而自 2006 年新农村建设以来，规划设计大多只注重了物质生活和居住质量的提高，忽视了人们交往的空间需求，乡村公共空间不断萎缩；建筑风格也倾向于千篇一律，丧失了原本村落形态和格局的地域文化特点。当前全国正加快推进"美丽乡村"建设，对村庄建设提出了一些新的要求，比如大力完善村庄配套设施、保护村庄特色与乡土风貌、建设生态文明、改善环境卫生、提升村容风貌等。公共空间既有景观功能、服务功能，又是乡村地域文化的载体，若进行合理的规划设计，可以很好地体现村庄特色和乡土风情，对村容风貌的提升有重要作用。

由于人们生活方式的转变，当前乡村公共空间的功能与传统村落有相似之处但也有所差异，对传统村落的构成要素和布局特点加以分析，可以挖掘传统村落形态上的规律，从中找出可供当前美丽乡村建设参考和指导的对应要点，从而创造出形态优美、功能完善、文化传承的空间形式。不仅有利于当地传统文化的传承，也是解决目前村庄单调乏味、千村一面、同质化现象等问题的有效措施之一；是改善农村社区生活的分割性、推动农民团结合作的必要路径；同时也对建设城乡和谐社会具有重要意义。

一、传统村落公共空间的构成要素与功能变化

传统村落是指起源于特定历史时期，保存了较完整村落形态与格局的村庄，体现了地方特有的历史文化与传统民俗。传统村落的公共空间主要是自发形成的，公共建筑的布局自成体系。根据公共空间概念的两个部分，传统村落的公共空间构成要素可分为物质要素与非物质要素。物质要素是人们交往与活动的固定场所，如广场、寺庙、戏台、祠堂、水井、街巷等，这些形态丰富、类型各异的构成要素组成了公共空间的有机体系；非物质要素是传统村落由于风俗习惯而形成的一些活动形式或交往形式，如节庆祭祀的活动、红白喜事等。随着人们生活方式的改变，传统公共空间构成要素的功能发生了变化，一些已经日渐式微甚至消失，也有一些还在延续甚至得到强化。

（一）水井、大树、祠堂等功能的弱化

过去人们常在水井边和河岸边一起洗衣、洗菜、聊天，在炎热的季节里聚集在大树下乘凉散步，但由于现在乡村基本都已通水通电，家用电器普及，水井、河边、大树下因此变得萧条。

家族制度与亲缘文化曾经广泛存在于传统村落中，以宗祠为中心的村庄布局十分普遍。但是，由于土地改革、农业合作化、人民公社化等运动的开展，家族制度和亲缘文化受到了组织结构、经济生产、舆论宣传等多方面的冲击，祠堂、宗庙等仪式性空间逐渐衰落。

（二）戏台、村口、广场街巷等功能的延续或强化

以前农村的公共娱乐活动较少，看戏是人气很高的活动，但随着电视机、计算机的普及，居民以家庭为单位的居室内部的休闲活动逐渐增加，戏台一度萧条。但近年来，全国各地大力举行"送戏下乡""送电影下乡"等文化活动，也积极举行各种文艺演出活动，农村的戏台又热闹起来。各地兴建的农民文化大舞台正是传统戏台的新兴形式。

传统村落的村口、广场、街巷等公共空间构成要素，其基本的交往功能还在延续，尤其是由于村庄的交通越来越发达，与外界的沟通增多，村口成了人流、车流的汇集地，更发展出交通枢纽、集市等，村口公共空间的功能得到强化。

（三）民俗节庆活动、红白喜事等非物质要素的延续

民俗节庆活动、红白喜事等非物质要素依旧广泛存在于农村社会。舞龙舞狮、戏曲杂耍是农村里庆祝节日的传统项目；庙会在原来是依托于寺庙，集祭祀、商贸、文化等为一体的民间活动，随着时代的发展，农村庙会除了能观赏极有地方特色的文艺表演、手工绝活，更多的功能是物资交流大会。

二、传统村落公共空间的布局特点

（一）顺应自然环境的布局

中国气候条件、地形地貌各异，本着与自然和谐的理念，因地制宜地形成了各种传统村落布局形态。

位于山地的村落顺山势而建，祠堂、宗庙、广场等标志性公共建筑一般处于村落的中心位置，地势较平坦，形成核心的公共空间，其他建筑虽围绕其建设，但受地形限制，空间形态又较为自由，加上盘旋曲折的道路与起伏的台阶，十分有层次感。

水系丰富的地区，居民习惯依水而居，各种村落建筑凭水而建，小桥流水人家的景象富有诗意。沿水系两侧分布有商业用地与公共空间，居住用地在水系两岸扩展开来。妇女们在水系两侧滨水空间浣衣、洗菜、聊天，自然而然形成了日常交往的场所；紧凑的街巷、繁茂的古树，都能见到热闹的人群。安徽黄山市黟县宏村的古水系设施为人称道，村落中心是半月形的池塘——月沼，宗祠、书院、广场等公共设施环绕四周，形成了一个景观与设施结合的公共空间。

（二）以宗祠为中心的布局

过去的村落几乎处于封闭的环境，形成了家族聚居模式，整个村落只有一个或者两三个姓氏，宗法制度成为宗族自制的重要手段。村中的宗祠、宗庙象征着家族地位，是祭拜祖先、召集会议、婚丧嫁娶的场所，因此常坐落在村落的中心位置，其他建筑则围绕着宗庙、宗祠而建。例如陕西省韩城市党家村、浙江省建德市新叶村，宗祠、宗庙前一般都有较大开敞空间，与村中的戏台、街巷等形成有序的公共空间。

（三）强调防御功能的布局

由于特殊的地理环境以及战乱等历史背景，一些村落的布局体现了安全防御的功能，形成堡寨式的聚落。山陕、粤北地区的一些规模较小的村落建设了防御用的城墙，村落内部路网规划十分规整，祠堂一般位于中心位置，起到交通枢纽的作用。广东韶关市仁化县城口镇恩村在村庄南侧建有瓮城，有外敌入侵时，村民可以迅速进入城寨避险，寨内建有房屋，挖有水井，储存了食物，还可通过隐蔽的暗道与外界联系。

三、传统古村落公共空间特征对美丽乡村建设的启示

（一）因地制宜，生态环保

传统村落的布局注重与自然环境相和谐，源于古人"天人合一"的世界观及风水理念，尽管有封建迷信的成分，但不能否认，顺应自然的观念对如今的乡村建设有着积极的意义。美丽乡村公共空间的设计应首先考虑与当地自然环境相适宜，尽量少地破坏周边景观。可依托现有的地形地貌进行规划，通过水系、山体、树木等打造多层次的景观，对公共空间进行适宜规模的地面硬化，设置健身、休憩设施，配植合理的植物。建筑设计不求标新立异，只求风格自然、舒适质朴，多采用环保材料，充分运用各种生态措施，如生活垃圾分类处理、雨污分流系统、人工湿地污水处理系统等，做到对周边环境最低干扰。

（二）以人为本，合理布局

传统村落公共空间的形成，顺应了人们生产、生活、交往的需要，无论是以宗祠为中心的布局还是强调防御功能的布局，都满足了当时人们主观与客观的需求。当今人们生活方式的转变，使过去传统的公共空间，如水井、古树、宗祠等逐渐少人问津。这就要求公共空间的布局要以人为本，考虑人的使用体验。

公共空间的选址要注重村庄交通的便捷性，人们活动时经过该地的概率较高，哪怕是一块道路转角的绿地，经过简单的设计改造，也会成为父母带孩童玩耍的小乐园；村委会、社区服务中心作为政治活动空间，替代了传统村落宗庙、宗祠的作用，是新的具有高度凝聚力的公共空间，在规划时设置一定的公共活动区域，如广场，再结合

一些健身活动设施、购物场所等，对人群有很强的集聚效应；风景优美的自然风光对人群有天然的吸引力，对村庄已有的水系、林木等景观进行整治、改造，突出乡土特色，设置一些步道、小广场、健身设施等，为人们提供一个休闲健身的好去处。

公共空间的设计要避免过大的尺度，使处在当中的人们感到舒适与安全。传统村落受限于地理环境、历史背景等因素，村庄布局一般尺度较小，窄窄的街巷、小巧的活动空间、咫尺的活动人群，令人感到温馨和亲切。在当今的村庄公共空间设计上，很多地方一味地追求大面积，特别在设计村庄中心广场时，进行大范围的硬质铺地，不仅造成土地的浪费，而且由于空间太大，不能给人亲切感，反而无法吸引人群。

（三）继承与运用传统公共空间构成要素

传统公共空间的构成要素随着时代的变迁功能发生了变化，但对它们进行合理运用可以丰富村庄的景观和村民的生活。水井、古树、祠堂等公共空间要素由于已经不适用于群众现在的生活方式，很多被破坏或拆除。但它们承载了时代的记忆，有历史和艺术价值，应该进行合理的修缮与保护，并将这些要素作为文化标志物融入现在的公共空间中。例如用以群众集会、节日联欢等公共活动的村庄广场，规划设计时要融入当地的乡土特色，与古树、戏台等元素结合，布置一些体现地域文化特色的建筑小品，既满足人们游憩的需求，增加生活的乐趣；也可以展现村落的艺术风貌，丰富社区景观，加强村民归属感。

对于有地域文化特色的非物质要素，如民间传统艺术、民俗节庆活动，可通过雕塑、壁画、宣传栏等方式融入生活环境中，潜移默化地推广和宣传；也可改造发展成为观赏性的节庆活动，并且重视传统手工艺人的培养，从社会层面保护和研究非物质文化。

（四）传承地域文化

公共空间是地域文化的载体，如何做到公共空间的文化传承，需要政府、社会多种措施的保障。首先，应积极引导建设公共空间，将文化传承的意识融入美丽乡村规划和建设的全过程，对传统建筑、设施进行保护性修复，打造有特色、有地域文化气息的美丽乡村；其次，通过多种途径加强相关知识的宣传教育，增强村民对公共设施和优秀传统文化的保护意识；最后，加强民俗活动的组织与发展，成立民俗协会、文化协会等，鼓励民间沟通，以乡村旅游为载体开展民俗节庆活动，使传统民俗文化在公共空间的承载下延续发展。

传统村落的公共空间布局以及构成要素表现出的生态性、系统性，不仅反映了历史文化特色，也反映了文化与自然的内在关系。延续传统村落公共空间及其构成要素的文脉特征，以此指导美丽乡村建设中的公共空间规划，有利于建设形态优美、功能完善、文化传承的公共空间。美丽乡村公共空间的规划应本着集约节约、以人为本的原则，顺应周边环境进行规划建设，合理利用空间，多采用环保材料，避免资源浪费；

充分考虑居民生产生活的需求，迎合当今人们的生活习惯，设计尺度宜人、功能合理的公共空间；展现地域文化特色，继承传统公共空间的构成要素，丰富人民的精神文化生活，在政府、社会和居民的共同努力下，承担文化传承的重任。

第四节 城中村公共空间景观规划设计策略

城中村是在我国城乡二元体制的特殊国情下，伴随着快速城市化而出现的一种特殊现象。城市化的快速发展，一方面使城市占用大量的郊区农业用地，农村社区进入城市的管辖，转变为城市社区；另一方面，由于把村民与土地联系在一起，难以分化的利益共同体存在于现代社会中，很多处于都市中心的村庄未能成功地转型为城市社区[9]。城中村景观的营造重点在于地域特色的建立与居民游憩机会的共享，同时为人居环境的改善和空间质量的提升与当地经济发展和复兴提供优质场所。

一、城乡景观一体化要求下的公共空间景观建设原则

（一）公平化

公平化立足于景观与城中村居民的关系。"公平化"是中国特色新型城乡景观的最大亮点与优势，其主要倾向于"公民景观"的营造。"公民景观"一词源于"公民建筑"，"公民建筑"是指那些关心民生，如居住、社区、环境、公共空间等问题，在设计中体现公共利益，倾注人文关怀，并积极为现时代状况探索高质量文化表现的建筑作品[10]。因此，人文景观到公民景观的转变，主要立足于对公民需求和愿景的实现、与公民权利义务的对话、对社会资源的公平分配、公民反馈机制生成等方面，实现"从公民出发、公民参与、成果为公民"使景观社会效益最大化。

公民需求和愿景的实现主要是指因景观服务对象的不同导致景观营造的要求也不同。走访民众，从当地民众的现实问题出发，提供多样的规划设计思路供其选择，使营造满足居民总体需求，即"从公民出发"；与公民权利义务的对话主要是环境中居民不仅拥有生产生活环境质量提高的权利，还有为实现环境优美、经济发展贡献自己力量的义务，即"公民参与"；对社会资源的公平分配主要体现在公共交流游憩的空间营造、对弱势群体的关注等方面，即"成果为公民"；公民反馈机制主要是对建成景观进行评价和改良，是"公民后期参与"的重要一环。公平化最核心的评价标准是公益性而非营利性，是大众化而非特权化。

---

9 王造兰，刘少莹.构建和谐城中村路径研究：以南宁市城中村为例 [J].经济与社会发展，2011，9（8）：107-115.

10 南方都市报.走向公民建筑 2011 — 2012[M].桂林：广西师范大学出版社，2013：4-6.

（二）生态化

生态化立足于景观与自然的关系。面临城镇化过程中复杂的生态背景，环境污染、生态破坏、交通拥挤各种矛盾越来越突出，快速城市化与机动车化并存，城市建设对城市问题的应急能力减弱。新时代的生态景观是为了满足当代人乃至后代人各类需求的可持续景观，营造的生物链和生态循环应该坚固不易破碎，而且可以为不同的生物（包括人）提供适合的生产生活环境，后代仍可以在此基础上发展新事业，城中村生态景观是新型城镇化背景下城乡景观可持续演进的重要一环。

营造空间，让自然做工。生态化主要体现在景观要素的生态，景观结构与格局的自然模拟；生态修复如生境恢复、廊道恢复；自然过程的利用，如水力、重力、风力让自然发挥主观能动性；景观新领域的开拓发展，如垂直与屋顶绿化、雨污收集再利用等促进景观生态化发展。生态化与集约化和技术化密切相关。

（三）集约化

集约化立足于景观与资源的关系。快速城镇化过程中面临着严重的资源短缺问题，就全国人均水平分析，水资源面临着资源型和水质型缺水危机，又因时空分布不均导致水资源短缺成为城镇发展的刚性约束。国家提出了18亿亩耕地红线不能被破坏，土地资源总量有限，而可用于城镇发展的土地资源更为匮乏。"集约型景观"是指在景观寿命周期（规划、设计、施工、运行、拆除、再利用）内，通过减少资源和能源的消耗，减少废弃物的产生，最大限度地改善生态环境，最终实现与自然共生的景观[11]。

面对当代严峻的资源危机，新型城镇化背景下的城中村景观应该做出正确的回应，充分利用自然资源、人力资源、智库资源。充分利用本地景观材料、旧房旧设施再利用、中水回收、雨水利用、沼气利用、工业废料等废弃物资源，通过科技手段提高资源利用率，作为新型景观材料应用到设计中；发挥科研和高校资源优势，提高本地资源和智库的有效利用率，促进资源的节约，减少能源消耗。

（四）智慧化

智慧化立足于景观与技术的关系。新型城镇化建设过程中，智慧城市是提高人民生活水平、促进经济健康发展、建设创新型国家的重要抓手，而智慧景观则是智慧城市的重要方面。智慧景观主要体现在以景观品质人本化为前提的设计过程数字化、景观技术参数化、景观服务智能化等方面。

景观品质人本化即注重景观在实用、安全和舒适方面的以人为本的要求，是景观任一功能的前提。设计过程数字化即景观在规划设计过程中运用当代先进技术，认真分析基地条件，充分表现景观资源及设计理念，如RS技术在景观格局、功能、动态、

---

11 刘志强. 节约型社会的景观发展对策研究 [J]. 四川建筑科学研究，2008，34（2）：242-243.

尺度等方面的研究和 GIS 技术在辅助景观分类等[12]；景观技术参数化的前提是景观营造的科学化与生态化，重点是景观施工的新技术、新方法，通过督促相关部门制定参数化规范，促进技术化标准的规定与统一，完善当前景观生态营造技术。

（五）美学化

美学化立足于景观与艺术的关系。自景观产生伊始，其就与艺术产生了密切的联系，不管是东方的古典园林还是西方的规整花园，是托马斯·丘奇的加州花园还是俞孔坚的中山岐江公园，文化背景和美学观点可能不同，但是景观与艺术的联系千丝万缕。

在新型城镇化过程中，随着生态文明的出现，自然与城市的共生理念深入人心，模仿自然群落进行的设计因有较好的生态服务功能和崭新的美学观点受到设计师和群众的喜爱。景观设计经历了原始时代、农业文明、工业文明，现在到达了后工业文明和生态文明时代，出现了一种全新的美学观，即整体的系统美学观，公平、生态、智慧、节约、地域、历史综合一体的美学观。生态文明主导下的城中村公共空间景观发展趋势是"野草之美"，新时代美学观的实现要多个层面共同努力。

（六）时空化

时空化立足于景观与地域历史的关系。新型城镇化规划文件中明确指出要建设人文城市的思路，文化与自然遗产的保护成为重中之重。"让居民望得见山、看得见水、记得住乡愁"，在新型城镇化过程中妥善安置乡愁，延续历史文脉和地域场所精神，是人文城镇建设的表现形式。人文景观营造是景观地区自然景观与人文景观的有机联系，是区域自然地理环境、经济发展水平、历史文化传统和社会心理构成的四维时空组合。

城中村公共空间景观营造不应仅仅注意生态环境的保护，实用功能的满足，在提高生态效益的同时，也要满足基地的景观效益和社会效益。对于具有历史文脉的场地和各类人文景观，景观要素的营造应着重对本地历史文化价值的传承，既包括对历史的直接继承，也包括对场地历史记忆的挖掘和捕捉。人文景观主要体现在美学、历史与地域等方面，在景观营造中，我们营造的重点是延续并发展历史文脉，使本土文化、地域特点和现代功能和谐共生，营造具有地域性和时代性的独特景观[13]。

二、推行新型城镇化城中村公共空间景观营造的策略

（一）"城乡一体、质量平衡"的统筹共生策略

城乡一体、质量平衡是面对目前复杂的生态背景和城乡景观粗放无序等问题在宏

12　杨 帆 .RS 和 GIS 技术在湿地景观生态研究中的应用进展 [J]. 遥感技术与应用，2007，22（3）：471-478.

13　刘国维 . 历史文脉与特色景观营造关系探析 [J]. 山西建筑，2014，40（6）：215-217.

观上提出的指导策略。景观营造重点是加强城乡景观一体化的同时发展区别化、数量普及的同时注重景观质量的发展策略。景观品质的提升不仅可以优化居民的生产生活环境，而且可以促进当地经济的发展与国家设计水平的提高。人工景观自然化、自然景观生态化、设计细节精细化、景观功能多元化是城乡景观营造一体化的总体思路。

公平共享、六元合一是在营造景观过程中的微观指导策略。营造重点是在尊重历史文化下的以人为本的公平共享和多元发展的智慧生态，从而引导新的美学观。城乡规划应该体现"三尊重"原则，尊重地方文化；尊重自然；尊重普通人的需求，在景观营造的过程中，注重设计过程公平参与、设计结果倾注人文关怀，集约利用各类资源，推广生态低碳的景观营造技术，通过宣传教育提高民众对自然美学的接受程度以及对文化遗产遗存的保护与爱护。

目前国外出现了很多体现人文关怀的景观作品，如伊丽莎白和诺那·埃文斯疗养花园的疗养景观，花园中每种植物都是一位疗养师；中国城镇化阶段面临着老龄化问题，通过对老年的关注，营造适合他们居住休憩的老龄化景观也是未来的趋势；农村中到底需要怎样的交流场所，是大广场抑或只是村口的一棵大树，是人为营造的还是村民长久留存的，新营造的景观要如何体现村民的大众化审美，如何吸引不同年龄层的人群是农村景观营造的关键。

（二）"经济发展、乡土自然"的农村景观首位策略

农村景观的营造主体是农民的生产生活环境。而在促进经济发展的同时又能注重乡土自然景观的保护与生态景观营造是重中之重。农村景观得以维持的基础资源主要有农民、村庄建筑、村落布局、周边自然格局四方面。乡村长时间的发展过程证明了其自然格局的安全性，各类规划建设都应尊重自然格局，建设过程中切忌"推倒重来"的错误思想；切忌景观社区化的设计思想，推行"逆向整治，推进城乡景观差别化"；顺应村落格局形成的长时间的历史过程，把农村景观营造的重点放在基础设施的优化上而不是贸然决定村落布局的未来发展；通过"农家乐"等现代农业和乡村旅游等方式促进经济发展；通过新建和推广生态基础设施如"三格式化粪池""自流式小型污水处理池""人工小湿地"等适用技术和分散式废物利用技术等[14]，建设绿色智慧的社会主义新农村。

三、生态主导的灵剑溪流域公共空间景观营造策略

漓江是桂林山水之魂，灵剑溪为漓江二级支流，处于漓江生态保护范围之内。灵剑溪流域为过渡阶段城中村的典型代表，有着城市化的住宅和农田，经济构成多样，

---

14 莫蔚明，康彩艳，周振明. 不同植物净化灵剑溪受污水体的研究 [J]. 广西科学，2009，16（2）：215-218.

自然环境优良，但目前有学者指出，灵剑溪河水水质达劣 V 类水质，对漓江污染贡献较大，会造成土壤和地下水污染，影响各类作物生长进而危害居民健康，灵剑溪水体治理和水土保育势在必行，流域内多元化景观营造为居民提供一个优良的游憩休闲场所，也为游客体验城市农业提供一个良好的空间。

（一）灵剑溪景观营造的公平化

灵剑溪居民要表达对自己的乡土生活环境改造和设计意愿的发言权，而低强度开发和生产性农业景观——都市农业的引入可以在对生态影响最小化的情况下为居民经济与环境利益提供发展机遇，在此过程中加强与当地智库的规划设计管理与施工方面的咨询或建设联系，相关管理人员应注意居民培训和教育的推广，规划确保既要尊重当地的自然系统和历史文化资源，确定地域性和文化艺术性，又要满足当地居民的需求，把"千村一面"和"一方敲定"扼杀在摇篮里。

（二）灵剑溪景观营造的生态化、智慧化与集约化

灵剑溪水体的点源污染体现在部分居民区的市政污水管道系统季节性或全年性地直接倾倒废水和废弃物入溪，应从灵剑溪的社区管理入手，设置专门制度，加大对直接倾倒入溪的惩罚力度，积极联合如市政、园林、环保部门落实对该制度的实施，督促相关规范的颁布。

灵剑溪水体非点源污染是农业、居民区、城市道路等多方面共同作用的。应正确处理多样化的土地利用方式，增强村民的科学生产意识和公共环保意识，普及生态耕作知识，有关部门应该规范和取缔既不利于作物吸收养分，又破坏居民与游客的旅游景观体验的人畜粪便的直接倾倒和厕所遍地现象，对粪便进行无害化处理、回收利用转成有机肥，既可保持环境卫生，又有利于生态保护和人民健康；应提高村民对化肥农药使用后果的认知和替代性的生产方式的推广，指导居民树立正确的生活与生产方式，为和谐环境的形成奠定一个良好的生态基础。

灵剑溪整治过程中第一步是通过物理手段清理河道，进一步利用本地植物营造植物生态群落，沉淀、滞纳并吸收水中污染物；尊重水的自然循环过程，通过水力循环和重力作用来促进灵剑溪水循环，从而达到保护水质的作用；在灵剑溪流域范围内把已经污染的蓄水池转化成雨水蓄水池和自然沉降池，通过设置雨水花园等形式优化蓄水池生态功能，如在生境恢复中运用基底改良技术（生态清淤技术、深槽—浅滩序列技术）、驳岸改造技术等 [15]，通过模仿自然环境中植物或景观群落的科学性进行设计。

（三）灵剑溪景观营造的美学化与时空化

灵剑溪景观营造不提倡对现存老房及废弃的水利设施一一拆除，乡土景观是散落

15　张饮江 . 退化滨水景观带植物群落生态修复技术研究进展 [J]. 生态环境学报，2012，21（7）：1366-1374.

的、自然的、如土地里生长出来的一般。可对旧址进行加固或修缮，在确保旧址安全稳固的前提下，形成自然散落的景观节点。可通过生态基础设施把灵剑溪水体、现存水塘、废弃水利设施等规划成线性景观廊道，串联农田基底和人居斑块，保护传统的乡风和景观韵味，同时保存当地居民长久以来的生活方式，他们可以利用发展起来的景观资源致富。

灵剑溪流域的城中村公共空间景观的营造重点在于生态环境的修复与优化以及地域特色的彰显。城中村景观的合理营造策略对城乡景观一体化发展意义明显，并有利于推动居民生活方式的改变，使人居环境趋向优质，最终有利于城乡生态安全和当地经济发展。

参考文献

[1] 安旭，陶联侦，白聪霞．新农村公共空间景观规划方法探析 [J].浙江师范大学学报（自然科学版），2013(2)：228-234.

[2] 蔡玲，安运华．美丽乡村建设中乡村空间布局规划研究 [J].长江大学学报，2017(22)：4+31-32+49.

[3] 曹海林．村落公共空间：透视乡村社会秩序生成与重构的一个分析视角 [J].天府新论，2005，4：88-92.

[4] 陈芳芳．海西民俗文化的建设与乡村公共空间构筑 [J].福建论坛：人文社会科学版，2010，S1：204-205.

[5] 陈威．景观新农村：乡村景观规划理论与方法 [M].北京：中国电力出版社，2007.

[6] 陈向蕾，王经玮．浅析居住区中"吸引点"的规划与设计 [J].山西建筑，2010，36(3)：54-55.

[7] 戴林琳，徐洪涛．京郊历史文化村落公共空间的形成动因、体系构成及发展变迁 [J].北京规划建设，2010，3：74-78.

[8] 段进，龚恺，陈晓东，等．空间研究 1：世界文化遗产西递古村落空间解析 [M].南京：东南大学出版社，2006：98-167.

[9] 段进，揭明浩．空间研究 4：世界文化遗产宏村古村落空间解析 [M].南京：东南大学出版社，2009：40-124.

[10] 冯宝英．浙西宗族祠堂之探析 [J].东方博物，2006(1)：88-93.

[11] 高兴辉．浅析居住区景观规划设计方法 [J].现代园艺，2011(13)：111.

[12] 何巍，陈龙．当好一个乡村建筑师：西河粮油博物馆及村民活动中心解读 [J].建筑学报，2015(9)：24-29.

[13] 蒋伯诺．乡村振兴战略下的美丽乡村空间布局规划探析 [J].低碳世界，2019，9(8)：186-187.

[14] 蒋蔚，李强强．关乎情感以及生活本身：马岔村村民活动中心设计 [J].建筑学报，2016(04)：29-31.

[15] 金晶园，雷家钰，张霞儿．新时代美丽乡村生态环境建设研究 [J].乡村科技，

2019（6）：122-123.

[16] 鞠忠美 . 村落公共空间的变化与乡村文化建设：以山东省莱州市碑坡村为例 [J].聊城大学学报：社会科学版，2011，6：95-99.

[17] 孔凡真 . 可资借鉴的新农村建设模式 [J]. 吉林农业，2006（12）：10-11.

[18] 李雪，莹施六，林王艳，卢碧芸，吴炜 . 传统村落公共空间的特征对美丽乡村建设的启示 [J]. 农学学报，2018（9）：89-93.

[19] 李应中 . 我国不同地区新农村建设的重点 [J]. 中国农业资源与区划，2007，28（1）：12-17.

[20] 李远健 . 分析美丽乡村建设中乡村空间布局规划 [J]. 低碳世界，2018（7）：354-355.

[21] 刘滨谊，陈威 . 关于中国目前乡村景观规划与建设的思考 [J]. 小城镇建设，2005，12（9）：45-47.

[22] 刘传林，陈栋，王培 . 古村落空间格局在村庄规划中的延续 [J]. 小城镇建设，2010，7：97-103.

[23] 刘国维 . 历史文脉与特色景观营造关系探析 [J]. 山西建筑，2014，40（6）：215-217.

[24] 刘家露 . 绿色发展新理念下美丽乡村建设研究 [D]. 贵州大学，2019.

[25] 刘沛林，董双双 . 中国古村落景观的空间意象研究 [J]. 地理研究，1998，17（1）：31-38.

[26] 刘沛林 . 古村落·和谐的人聚空间 [M]. 上海：三联书店，1997：15-44.

[27] 刘娴 . "美丽乡村"建设背景下乡村景观规划设计方法 [J]. 山东农业工程学院学报，2016（6）：136-137.

[28] 刘晓芳，涂哲智 . 传统村落滨水公共空间形态与功能演进研究：以闽北下梅村为例 [J]. 中外建筑，2017（5）：39-43.

[29] 刘志强 . 节约型社会的景观发展对策研究 [J]. 四川建筑科学研究，2008，34（2）：242-243.

[30] 刘忠刚 . 新时代美丽乡村绿化程建设的思考 [J]. 现代园艺，2019（18）：177-178.

[31] 卢斌，熊向宁，张翼峰 . 迈向 21 世纪：人居环境的未来 . 规划师，2003，19（11）：55.

[32] 骆中钊 . 新农村建设规划与住宅设计 [M]. 北京：中国电力出版社，2008.

[33] 麻欣瑶，丁绍刚 . 徽州古村落公共空间的景观特质对现代新农村集聚区公共空间建设的启示 [J]. 小城镇建设，2009，4：59-62，65.

[34] 莫蔚明，康彩艳，周振明 . 不同植物净化灵剑溪受污水体的研究 [J]. 广西科学，

2009，16（2）：215—218.

[35] 南方都市报 . 走向公民建筑 2011 — 2012[M]. 桂林：广西师范大学出版社，2013：4—6.

[36] 诺伯舒兹 . 场所精神：迈向建筑现象学 [M]. 施植明译 . 武汉：华中科技大学出版社，2010.

[37] 彭一刚 . 传统村镇聚落景观分析 [M]. 北京：中国建筑工业出版社，1994：21-30.

[38] 邱娜 . 新农村规划中的公共空间设计研究 [D]. 西安：西安建筑科技大学，2010.

[39] 汝勇 . 社会主义新农村建设研究综述 [J]. 攀登，2007，13（2）：13-53.

[40] 邵建杰，黄淑娟，李先福 . "美丽乡村" 建设背景下乡村景观规划设计方法研究 [J]. 住宅产业，2013（12）：41-44.

[41] 孙盼盼 . 古村落旅游规划的社会文化影响研究：以陕西省韩城市党家村为例 [J]. 荆楚学刊，2015，16（5）：41-44.

[42] 谭庆扬，张骆琳 . 广东乡村建筑空间布局特征及其规划引导研究 [J] . 东莞理工学院学报，2018（5）：91-99.

[43] 汤茂林，汪涛，金其铭 . 文化景观的研究内容 [J]. 南京师大学报（自然科学版），2000，23（1）：111-115.

[44] 田韫智 . 美丽乡村建设背景下乡村景观规划分析 [J]. 中国农业资源与区划，2016（9）：229-232.

[45] 王成，张列，叶琴丽，杜相佐 . 基于农户满意度评价的新型农村社区公共空间重构——以重庆市大柱新村为例 [J]. 西部人居环境学刊，2016，31（3）：68-74.

[46] 王东，王勇，李广斌 . 功能与形式视角下的乡村公共空间演变及其特征研究 [J]. 国际城市规划，2013，2：57-63.

[47] 王雷，李旺君 . 景观设计的 "反规划" 理念对土地利用总体规划的借鉴初探 [J]. 中国农业资源与区划，2012，33（1）：73-79.

[48] 王秋明 . 乡村旅游的业态空间布局分析与规划研究：以辽宁省大洼县为例 [J] . 农业经济，2017（8）：134-135.

[49] 王造兰，刘少莹 . 构建和谐城中村路径研究——以南宁市城中村为例 [J]. 经济与社会发展，2011，9（8）：107-115.

[50] 吴燕霞 . 村落公共空间与乡村文化建设：以福建省屏南县廊桥为例 [J]. 中共福建省委党校学报，2016，1：99-106.

[51] 薛颖，权东计，张园林，等 . 农村社区重构过程中公共空间保护与文化传承研究：以关中地区为例 [J]. 城市发展研究，2014，5：117-124.

[52] 杨帆 .RS 和 GIS 技术在湿地景观生态研究中的应用进展 [J]. 遥感技术与应用，2007，22（3）：471-478.

[53] 杨柯，李福仁，骆玉岩，杜霖，杨义凡 . 新人文视角下乡村空间保护与活化研究 [J]. 建筑与文化，2018（8）：73-74.

[54] 余韵诗 . 粤北古村落传统公共空间形态研究 [D]. 广州：广东工业大学，2012.

[55] 俞孔坚，李迪华 . 景观与城市的生态设计：概念与原理 [J]. 中国园林，2001（6）：15-20.

[56] 张华 . 南川区新农村建设模式选择 [J]. 新农村建设，2006（11）：9-10.

[57] 张晓玲 . 基于美丽乡村视角的山区村庄空间布局规划分析 [J] . 智能城市，2017（2）：216.

[58] 张耀珑，沈晨，乔旭辉 . 美丽乡村建设背景下农村住区空间公共空间的设计 [J]. 山西建筑，2016（25）：16-17.

[59] 张饮江 . 退化滨水景观带植物群落生态修复技术研究进展 [J]. 生态环境学报，2012，21（7）：1366-1374.

[60] 张愚，王建国 . 再论"空间句法" [J]. 建筑师，2004（3）：33-44.

[61] 郑霞，金晓玲，胡希军 . 论传统村落公共交往空间及传承 [J]. 经济地理，2009，5：823-826.

[62] 周尚意，龙君 . 乡村公共空间与乡村文化建设：以河北唐山乡村公共空间为例 [J]. 河北学刊，2003，2：72-78.

[63] 朱春雷，杨永 . 重构农民的公共文化生活空间：以鄂、豫、皖三省农村文化发展为例 [J]. 甘肃理论学刊，2007，2：79-82.

[64] 朱建武 . 浅谈美丽中国之美丽乡村规划 [J]. 中华民居（下旬刊），2014（5）：100-101.